空 间 设 计
空 间 句 法 的 应 用

Urban Space Design
the Practice of Space Syntax

杨 滔 著

中国建筑工业出版社

图书在版编目（CIP）数据

空间设计：空间句法的应用 = Urban Space Design:
The Practice of Space Syntax / 杨滔著 .—北京：
中国建筑工业出版社，2021.9
ISBN 978-7-112-26356-1

Ⅰ.①空…　Ⅱ.①杨…　Ⅲ.①空间—建筑设计—研究
Ⅳ.① TU201

中国版本图书馆 CIP 数据核字（2021）第 138607 号

责任编辑：率　琦　董苏华
责任校对：焦　乐

空间设计　空间句法的应用

Urban Space Design　the Practice of Space Syntax
杨　滔　著

*

中国建筑工业出版社出版、发行（北京海淀三里河路9号）
各地新华书店、建筑书店经销
北京点击世代文化传媒有限公司制版
北京京华铭诚工贸有限公司印刷

*

开本：787毫米 ×1092毫米　1/16　印张：13　字数：253千字
2021年9月第一版　2021年9月第一次印刷
定价：148.00元
ISBN 978-7-112-26356-1
（37666）

当前，我国城镇化进入了下半场，正在从数量扩张型转向质量提升型，以人为本的高品质建设尤为重要。这将带来城市规划与设计的理论与方法的变革，其中人与空间的互动规律将会在更为多重的尺度、更为精细的粒度、更为动态的维度下得以揭示与仿真，并成为营建物质空间形态的重要一环。与之同时，伴随 5G 和物联网等新型信息技术的发展，可预见在不久的将来，人们认知城镇复杂性的能力将会呈几何级数的提升，工作生活的多元定制化选择将会带来更为灵活多变的空间场景系统，这将激发城镇空间中隐含的各种人本创新，重构资本链、产业链、文化链、社会链等，交织凝练为未来崭新的空间形态。在众多面向复杂空间网络的理论之中，空间句法提供了一种数字化的理性途径，识别人的行为活动如何借助空间形态的建构与重组，实现其社会、经济与环境目标。这种方法建立了空间形态的设计过程与人的生产生活方式之间的逻辑关系，从而预示着某种人本化的空间设计模式。

《空间设计 空间句法的应用》一书围绕人与空间的关系，回顾了数字技术、低碳发展、包容协商对于空间形态设计与建设的影响，从信息化、生态化、人本化等角度探讨空间几何形态与可持续发展之间的内在机制。在此背景下，该书反思了空间句法的理论发展，辨析了空间与非空间之间的二元关系，并强调了空间之间的复杂结构如何应用到不同主题和不同尺度的设计实践之中。所有案例都介绍了其相关的背景，有助于更好地理解空间句法的方法如何支撑其规划设计过程。例如，苏州和湖州案例更多是从空间结构的角度辅助揭示大尺度城市设计中潜在的空间发展走廊与中心体系；伦敦新金融中心（金丝雀码头）更多是从社会经济角度辨析西方大规模城市更新中空间结构的深层次影响作用；伦敦国王十字车站地区更新以及伯明翰布林德利办公区的更新更多是从设计协商的角度探讨空间结构、用地功能、交通、利益相关方等相互交织的公众参与过程；而上海四川北路城市更新案例更多是从中微观空间布局的提升角度探讨日常空间的人本化重塑。

基于实践案例，该书也提出人、机、物三元融合的"城镇智能生命体"的概念，即借助人的感知、机器感知和物体感知，以多元异构数据为核心驱动，推进前沿信息技术与城镇规划建设、社会治理、经济发展、人民生活深度结合，形成生产、生活和生态空间在设计层面上的有机融合。因此，该书除了为空间句法的爱好者提供了实践案例参考，还针对未来城市空间的设计发展提出了有益的思考。

杨保军

全国工程勘察设计大师

住房和城乡建设部总经济师

中国城市规划设计研究院前院长

2020 年 7 月 5 日

序二

长期以来，城乡空间和社会经济文化被分为相对独立的系统进行研究。关于它们之间的相互关系，传统的"空间决定论"和"空间映射论"或夸大空间的能动作用或忽视空间的发展规律，前者造成了"就形式论形式"的纯物质空间研究与设计；后者造成空间自主性与自洽性的丧失，形成物质空间规划无用论。这些对空间的认知、建构与演变机制问题的研究是城市规划与设计学科的核心知识体系内容，也是该学科初心的逻辑内核。

我在长期从事城市空间理论与设计的研究工作中，认识到空间形态内在的社会经济环境规律及其内涵，提出了城乡空间与社会经济文化的互动原理和分析方法，揭示了影响空间发展的深层结构和基本规律，创建了城市空间发展理论新体系。很显然，如何量化呈现城乡空间与社会经济文化的关系至关重要。

伦敦大学比尔·希利尔（Bill Hillier）教授创造性地提出了空间句法理论和方法，从理性定量的角度提供了一种描述城乡空间与社会经济文化的理论性框架，由此建立了一系列探索空间形态发展规律的数学模型方法，同时大量应用于城市规划与设计的实践之中。

有关空间句法的一些问题，我向希利尔教授进行请教。通过几封往来邮件沟通后，就一些关键性问题，希利尔教授约我在上海当面交流，杨滔博士担当了我们的翻译，这是我和杨滔第一次见面，他的谦虚儒雅、学风严谨给我留下了深刻的印象。

杨滔博士是比尔·希利尔教授的学生，多年跟随其研究与实践，也是希利尔教授代表作《空间的社会逻辑》（Social Logic of Space）和《空间是机器》（Space is the Machine）的中文主要译者。回国后，他仍然坚持空间句法领域的探索，具备较为丰富的国内外研究和实践项目实际经验。《空间设计：空间句法的实践》一书总结了他在苏州、湖州、上海、伦敦、伯明翰等城市和地区的实践，从不同尺度、不同角度、不同粒度提出了不同的设计原则与方法，大到区域的空间联系与中心格局，小到城市广场的功能组织与视线构成。通过这些基于空间句法的实践案例，该书指出，在空间设计发展趋势之中，数字型技术、生态化理念、包容性价值等已经逐步凸显出来，并为可持续发展的空间形态发展提供了新思路和新路径。这既体现为空间结构在不同尺度上的交织与互动程度，也反映为空间结构及其功能配置随时间而动态演变的系统机制。

因此，从空间句法的角度而言，空间的可持续性不仅是紧凑、密度、多元、混合等，而且是空间形态本身被良好地结构化，并由此作为"空间工具"协同社会、经济、环境、文化等复杂关联，共同构成良好的城乡空间生命体。

与之同时，这种论点也对空间句法理论的发展提出了新挑战，即诸如符号、文字、贸易、万维网等非空间因素如何介入空间要素的设计与营造之中，它们又是如何通过非空间的关联影响到空间演变的机制。虽然空间句法理论从理念层面上曾提出空间形态本身就是社会经济活动的内在本质，但在云计算、物联网、区块链等数字技术蓬勃发展的当代，虚拟空间内在的社会经济逻辑及其与实体空间互动的关联将再次强化非空间因素对于实体空间建构的新作用力。那么，是否空间形态本身的发展规律由此发生本质性的变化，这仍然是值得探讨的话题。由此，该书展望了未来智能城镇的空间设计设想，辨析了基于数字技术的金融和治理网络对于实体空间网络的潜在影响，提出了人与人、人与万物的空间界面和联动设计将成为空间设计的出发点。

随着我国国土空间规划体系的建立和完善，从生态文明等跨学科角度认识空间形态本身的高质量设计，也是不可回避的研究议题。在信息时代，空间发展规律的生态、社会、经济、文化等内在关联性及其复杂性将被更为充分地揭示出来，从而为空间设计提供更为丰富而综合的维度。因此，毫无疑问，该书值得空间句法的爱好者、城市规划与城市设计的实践者，以及空间形态的研究者潜心阅读。

段进
中国科学院院士
全国工程勘察设计大师
东南大学建筑学院教授
2020 年 7 月 28 日

前
言

在全球化和地方化交相辉映的转型时期，城市逐步成为不同尺度的空间叠合以及不同群体实时动态交流的产物，开放、共享、创新成为未来城市发展的重要主题之一，划时代的城市形态将会由此而迸发出来。在新时代背景之下，我国正在展开国土空间规划的新探索，优化空间结构，提升空间品质，精准空间价值，建立起国家、省、市、县、镇五级空间规划体系；同时强化不同规划在空间上的横向协调和融合，兼顾战略性、科学性、协调性、操作性。

因此，从流空间或网络空间的角度研究不同尺度的空间结构和互动机制，剖析人、资源、能源、信息、文化等在空间网络中的交织、交流、交易，确认这些要素在空间之中的占据和流动，变得尤为重要，指出了面向人本环境塑造的新方向和新范式。基于此，物质空间形态本身的设计理念由此发生改变，以人感知与使用空间的角度设计空间形式，将变得越来越有特色，有智慧，有内涵，有韧性，涵括社会、经济、文化、环境等方面的多元空间表达和协同。因此，空间设计作为物质空间形态营建的必要路径，使得空间规划的设想与统筹在人居环境之中最终得以实施，让人们能看得到，听得到，摸得到，从而服务于高质量的社会生活。

在上述空间研究发展的历史和趋势之下，我们可以发现空间句法为此提供了一些启发性思路。比尔·希利尔教授在英国皇家建筑师学会（RIBA）工作期间提出空间句法的原型，关注人与环境的范式以及知识如何让设计得以实现；后来他在伦敦大学学院（UCL）与阿德里安·利曼（Andian Leaman）等撰写了第一篇空间句法文章，并与剑桥大学的马丁中心开展学术竞争。他认为马丁中心忽略了建筑与城市的社会性来自空间，而不是来自实体形态。因此他从空间之间的连接模式勾画空间结构的整体性与涌现性，总结了不同类型的空间模式。之后，基于英国社会住宅中面临的种种问题，空间句法聚焦了人们认知空间的内在方式、社会使用空间的集体意识以及社会经济在空间的再生产过程等，勾画出不同社会经济情景下的空间模式和不同空间构成模式下的社会经济组织方式，辨析了空间构成和使用的数学性、哲学性和社会性。

本书从影响设计发展的新趋势入手，梳理并阐述数字城市、低碳城市、包容性城市以及可持续城市等概念出现的背景、理念以及方法，同时也简略地说明空间句法理论和方法与这些趋势之间的关系。以此为基础，本书对于空间句法本身进行的反思，突出了物质空间与社会经济之间的互动性，并探讨抽象空间模式与具象空间建设之间的关系，从而辨析了主观与客观、空间与非空间、现象与创意等概念在空间设计中的作用。

针对理论性的方法论思辨，讨论了空间句法在不同尺度、不同情境、不同地区的实践。首先，基于中国城市规划设计研究院的苏州战略规划和湖州总体规划，运用空间句法挖掘不同尺度的现象与问题，并试图提出空间优化策略，尤其关注空间结构在不同尺度下的可持续营建。其次，基于伦敦新金融中心金丝雀码头的大规模建设，空间句法的方法用于解释空间的社会性变迁及其对方案实施的影响。与之同时，针对城市更新的主题，讨论了协同利益相关方的包容式方法。以伦敦国王十字车站、伯明翰布林德利办公区更新、北京城市副中心城市设计、上海四川北路和平安里山寿里更新改造为例，深入辨析了空间句法的应用。再次，本书回归到城市空间设计中的核心问题，如何进行有效分区，从而构建具有活力的城市发展细胞，其中涉及密度、功能混合、发展效率等基本型话题。最后，本书试图展望未来智慧城镇的空间设计理念，并总结了空间句法在智慧型城市规建管全流程中的应用前景。因此，基于人行为模式的形态语言如何智慧化地应用到空间设计中，将是未来空间设计的发展方向之一。

Foreword

In the transition period of globalization and localization, cities have gradually become the spatial product of real-time dynamic interactions among different groups and communities, in which opening, sharing and innovation have been coming one of the important themes of urban development. Under the background of the new era, China is carrying out a new exploration of spatial planning, optimizing space structure, improving space quality, enhancing space values, establishing five-level planning system including national, provincial, municipal, town and village plans, and strengthening the horizontal coordination and integration of different types of plans. It gives emphasis on strategic, scientific, coordinated and operational effects across different scales.

Particularly, it is important to study the spatial structure and interaction mechanism of different scales from the perspective of spatial flows, with an aim of clarifying transaction process of people, resources, energy, information, culture and so on in the space network. It has identified the significance of the occupying and flowing of these elements in space, and has cast light on new paradigm for shaping the human environment. In this context, the design concept of physical space form itself has changed to focus on the ways of how people perceive and use spaces at different scales. This stimulates more characteristic, intelligent, meaningful and resilient design strategies expressing in spatial coordination for social, economic, cultural, environmental benefits. Therefore, urban space design, as a necessary path for realizing and shaping physical space forms for ordinary people, offers a platform of implementing and coordinating different spatial plans in a concrete way, so that people can see, hear, feel, and finally enjoying high-quality social life sustained by spatial networks and facilities.

In the literature of space design, Space Syntax invented by Professor Bill Hillier has provided some enlightening ideas for this purpose. When Bill got a job at the RIBA as secretary to the institute, he wrote some of the earliest papers - the man environment paradigm, knowledge and design and how is design possible - all really pre 'space syntax'. Then he came to UCL to be the Director of the Unit for Architectural Studies, and here working with Adrian Leaman and others. The first papers on Space Syntax were written. Bill always saw space syntax as in competition with the work going on at the Martin Centre in Cambridge which he felt missed the social nature of architecture through its primary concentration on built form rather than space. Therefore, space syntax summed up different types of spatial patterns by revealing emergence of spatial structures from spatial connection and integration. In order to solve the form and function problems in social housing, space syntax focused on the embodiment of cognitive spaces, the collective consciousness of social use of space, and the process of social and economic re-production in space. In this way, it illustrated the spatial patterns under different socio-economic scenarios, and the social and economic patterns for different configurational models, in order to analyze the mathematical, philosophical and social nature of spatial configurations reflecting and facilitating social logic of human behaviors.

Starting with new trends affecting the concepts of urban design, this book introduces the emergence of digital cities, low-carbon cities, inclusive cities and sustainable cities, and also briefly explains the relationship between space syntax theory and methods and these new trends. On this basis, this book highlights the interaction between material space and social economy, and discusses the relationship between abstract space model and image space construction, thus distinguishing the role of subjective and objective, space and non-space, phenomena and creativity in spatial design.

In the context of the theoretical methodology, the practice of space syntax at different scales and in different situations is discussed. First of all, based on the Suzhou Strategic Plan and Huzhou Master Plan conducted by China Academy of Urban Planning and Design, space syntax method was applied to reveal phenomena and problems on urban, district and community scales, and sought to formulate spatial optimization strategies, paying special attention to the sustainable construction of spatial structures. Secondly, based on the large-scale construction of Canary Wharf, space syntax was used to explain the social transformation in space and its impact on project implementation. At the same time, for the theme of urban regeneration, the inclusive approach of collaborative stakeholders, based on space syntax, is discussed in depth, taking the examples of King's Cross station in London, Brindley Place in Birmingham, New Centres in Beijing, and Sichuan North Road and Pinglishan Shouli in Shanghai. Thirdly, this book returns to the core problem of urban spatial design, that is, how to effectively build dynamic urban development areas. This involves the basic concepts of density, functional mixing, development efficiency in the context of urban flows and networks. Finally, this book attempts to look forward to the future of the design of smart cities, and visualizes the application of space syntax in the smart city management process. Therefore, it discusses how to apply the form language based on human behavior pattern to spatial design in smarter ways. This will be one of the directions of urban space design in the near future.

目录

第1章　设计中的新趋势

空间规划是指为社会、经济、环境等方面的活动提供空间表达，厘清空间管治事权，协调空间运作机制，指导空间资源分配。从欧洲的经验来看，不管是南欧偏物质形态设计的规划，还是德国和法国偏社会经济管控型的规划，抑或是英国偏协商型的规划，对于空间都较为重视，广义上的空间规划（Spatial Planning）是欧洲各国的共识。在欧盟的规划条约中，空间规划被认为是"经济、社会、文化，以及生态政策的地理空间表达……一门理性的学科、一种管理技术和一项跨学科的综合性政策，并根据总体战略形成空间上的物质性结构"（ESPC，1983）。虽然欧洲各国对此有不同的解释，然而其普遍共识是：空间规划关注空间和场所，而空间政策包括任何影响空间区位和用地决策、社会经济活动分布的政策（Shaw and Lord，2009）。这种规划不仅强调协调、参与、动态管理，而且注重从社区、城市到区域、国家、洲际的尺度互动（Palermo and Ponzini，2010）。因此，对于人的城镇化和物的城镇化之间互动的研究，以空间为出发点，综合性地研究社会、经济、环境等空间属性，以及相关的空间结构，应该是一个方向。

很多规划并不直接涉及空间，然而它们之间的协调突破口在于空间。这是因为：首先，人们的社会经济环境活动都有空间性，需要在空间中落地；如果那些活动不能落地，那么诸如投资、民生改善、污染治理等都是空中楼阁。其次，任何规划政策都暗含了空间实施单元，往往也依赖于空间性的行政区划单元，但是那些行政区划单元与空间性的功能单元也许并不完全一致。例如，住宅和劳动力市场单元与行政区单元不吻合，流域单元与行政区单元不吻合，这使得相关的住宅、就业、流域治理规划并不能在行政区划单元内得以完整实施。最后，"空间"一词本身是抽象的概念，可用于平衡"空间"在具体应用之中的丰富涵义。"空间"既可指城乡规划中较为强调的"物质性空间"，又可指国民经济和社会发展规划中偏重的"政策性空间"。空间还超越了领域的概念，可指空间主题，例如社会的空间结构、人口与货物的流动以及栖息地的关联等。这样有利于在空间的框架下平衡某个规划发展的主题。

因此，空间规划不是用于取代其他规划，也不是强调某种规划比其他规划更合理，而是找到各类规划的共同点，即规划实施的载体空间。不过，空间本身包括两层含义：

一是空间本身的构成或格局，例如发展轴带、公共空间体系，乃至道路结构等；二是社会经济环境活动的空间分布，城镇体系、能源结构、用地布局等。前者偏重物质空间形态的建构，后者偏重空间资源的分配。

于是，空间本身的设计成为与空间规划相平行的一个方向，关注于物质空间形态如何建构起来。历史上物质空间形态的研究更多关注于城市的视觉形态。这不仅指地图和平面的几何规则，也指建筑形体方面的美学。20世纪50年代，康恩泽（Conzen）从街道和地块的角度研究城镇的地理结构和演变规律，开启了人本化的城镇几何规律探索。之后，不同的研究方法应用到建筑和城市空间形态中，特别是剑桥大学的研究关注空间几何形态对于使用价值的影响，例如街坊块的长宽高对土地利用价值的影响程度。设计本身如何以几何形态的方式影响人的生活方式，以及城市功能运行和价值实现，正逐步成为研究重点之一。

这些研究大体分为四个角度：一是人文地理和历史演变的角度，如延续康恩泽方法论，以伯明翰的怀特汉德（Whitehand）城市形态学派为代表；二是城市原型和结构的角度，以卡尼基亚（Caniggia）或罗西（Rossi）为代表的意大利学派；三是面向未来创新的乌托邦角度，以霍华德、柯布西耶、赖特、福斯特、扎哈等不同时代的知名建筑师为代表，他们也许缺乏严谨的逻辑演绎，但却不断推出各种新的概念，影响着真实城市形态的建设实践；四是人类认知与行为学的角度，以亚历山大（Alexander）的《模式语言》和希利尔的《空间的社会逻辑》为代表，试图从数学实证的角度总结符合人类认知建成环境的几何形态规律，探索适合人类居住的形态模式，并借用组合学和机器迭代的原理衍生新的模式。在复杂科学的启发下，上述四种模式都借助计算科学的发展，采用自组织方式模拟真实的未来城市运行模式，人的感知、认知、行为、需求等成为建构这种自下而上的涌现机制的基本要素。

基于空间形态的基本要素，空间设计就区域、城市、片区、社区、建筑物等不同尺度的空间构成提出设计方案。随着数字化、低碳绿色、协同参与和可持续发展等新思路的提出，空间设计围绕工作、生活、娱乐等高质量的多元场景探索新的形态模式，使之更为融入社会的点点滴滴。在这种意义上，空间设计又回归到其社会目标之中。本章将从数字城市、低碳城市、包容性城市的角度对城市规划及其设计进行探讨，并结合空间句法理论论述可持续发展与数字、低碳、包容等概念之间的关联，建构起本书关于空间句法实践的背景框架。

1.1　数字城市

1.1.1　数字城市的动态发展

自从 20 世纪末以来，随着计算机、互联网、信息和通信技术以及地理信息系统等的快速发展，比特城市（City of Bits）、数字地球（Digital Earth）、数字城市（Digital City）、虚拟城市（Virtual City）、智能城市（Intelligent City）、智慧城市（Smart City）、信息城市（Information City）、数字化生存（Being Digital）、数字孪生（Digital Twin）等各种新概念和新名词如雨后春笋般地涌现出来；我们也发现自己的日常生活的确发生了深刻的变化，几乎无法离开数字化的设备和设施，它们已经成为我们生活中不可缺少的一部分；同时，这些新概念彼此相近，变化之快，却又各不相同，不过也许它们预示着人类（或者城市）崭新的发展历程。

数字孪生的设想最早于 2001 年由美国密歇根大学的麦克·格雷夫斯（Michael Grieves）教授提出，近年来技术的进步使得这一设想逐步在一些行业中趋于完善。简而言之，数字孪生是物质产品或资产的虚拟复制品，并且可以实时更新或周期性更新，使之与真实世界的对应物尽可能一致。更为理论性的定义是：数字孪生是一组虚拟信息，从微观原子到宏观几何角度全面描述真实或潜在的物质世界的真实；任何用于建造该物质真实的信息都可以从数字孪生中获取（Grieves & Vickers，2016）。基于此，数字孪生的概念运用到了智慧城市或虚拟城市的领域，意味着整个城市的所有部件、要素、活动等都被复制到虚拟环境之中，并要求虚拟与现实城市之间实时进行交流互动。这本质上与全球化、信息化、地方化、特色化等交相辉映的混杂情景密切相关，城市逐步变成不同尺度的实体与虚拟空间叠合以及不同群体实时动态交流的产物。于是，开放、共享、创新成为未来城市发展的重要主题之一，划时代的城市形态将会由此而迸发出来。

这些概念也许可简单称为数字城市，即虚拟的场所，支持个人、团体、机构等进行各种虚拟的活动，为了彼此交流、模拟现实、交易、控制、互动、扩张，甚至犯罪等，因此它具有社会、经济、政治、文化等意义，并强化、削弱，或者补充了真实的日常生活（Laguerre，2005）。不过，孪生或数字城市的概念仍然在发展之中，很不明确，因为它本身还在不断变化，谁也无法明确预测它的未来形式（Batty，2001；Mitchell，2000）。一方面，数字城市依靠"机器设施"和软件平台支撑，需要信息通信、人体工程以及大脑认知等技术的研究和应用，大到覆盖全球的信息通信基础设施，小到个人的"人机互动"界面；另一方面，数字城市又提供了各种"虚拟"的服务和管理，可以取代、改善并影响"非虚拟"的服务和管理，核心是产业和生活方式的创新。这两个方面都在发展之中，也将深刻地影响，甚至改变"非虚拟"的城市和日常生活等。

首先，"数字机器设施"的建造将直接改变城市的物质形态，例如：很多学者将互联网类比为河流、街道网、电网、污水网等（Mitchell，1996；2000），这些都是历史上决定城市选址和布局的关键因素；甚至有学者预言真实城市的消失[①]（Mitchell，1996）。其次，"虚拟"的服务和管理最直接地影响人们交流互动的方式，从而影响每个人和组织的决策，小到日常购物，大到国家政策制定等，它们将会直接作用于"非虚拟"的生活，例如：部分学者指出"虚拟"的金融交易等也强化且决定了"世界城市"的地位和发展（Hall，2002；Castells，2009）；是否能够获得"虚拟"服务和信息将会导致社会的分化，一部分穷人无法获得，被困在自己的社区中，而另外一部分人能够随时随地获得，从而不受地域的约束，将随意选择工作和生活地点（Castells，2009）。不过，迄今为止这些都没有定论，而是随数字城市的发展趋于更激烈的争论中。

1.1.2　数字化城市规划设计中的几个主要问题

不管数字城市的定义今后如何变化，在数字城市出现的过程中，城市规划设计这门年轻的学科[②]已经开始向数字化转型，甚至与数字城市的某些发展融为一体，因为城市规划就是规划设计城市，包括虚拟的数字城市。它涵括多种维度：

1. 建立数字化的城市规划平台，包括数据、文档、实物、环境等数字化，在本质上它与城市实体模型没有差别，但可以实现数据的即时更新和数据之间的动态链接；

2. 建立数字化的城市规划互动和管理平台，实现人机互动，这也是数字城市管理的一部分；

3. 采用数字化的新技术体验、研究"非虚拟"和"虚拟"的城市（社会），以及它们的互动等，实行虚拟方案（政策）与真实世界的动态交流，实现创新的目标，并运用到城市规划和设计实践中；

4. 注重数字化的理性思维方式，认知"非虚拟"和"虚拟"的城市（社会），从新的视角关注现象，开创新的方法论，提出新的模型，从而探索未来的城市规划和设计理论方向。

然而，我们需要意识到数字化城市规划中所遇到的三个基本问题。

---

① 不过，法国的研究表明，交通量和通信量同步增长，信息通信（包括互联网等）的发达并未减少，反而增加了面对面的交流；真实城市并不会消失，反而变得更大。这种观点来自彼得·霍尔（Peter Hall）教授。

② 虽然古代东西方都有城市规划实践，但是直到19世纪末和20世纪初，西方城市规划才作为一门现代意义上的学科逐步出现。1909年英国利物浦大学首次成立了城市规划系，同年美国哈佛大学设立了城市规划课程，1929年才成立单独的院系；1914年，英国在伦敦大学学院成立了第二所城市规划系；同年英国规划学会成立（1959年才得到英国皇家政府认可），20世纪30年代末，它仅批准了7所学校的规划师认证考试。

第一，数字城市以及数字化规划如何影响物质化的城市形态？个人是物质实体，需要面对面的交流，需要解决各种物质性的问题，包括吃穿住行等；信息和能源等流动仍然依靠物质性的基础设施。因此，我们所规划设计的城市大部分仍然是物质化的，并非完全虚拟的（Batty，2001）。在这个意义上，数字化城市规划仍然不能回避传统城市规划和设计中所涉及的物质性，即形式问题。

第二，数字城市以及数字化规划如何与"非虚拟"的社会经济文化互动？如何构筑交流互动网？从更广义的角度来看，数字化本身类似于人类言语、文字、符号、图像、电报、电话等，其核心是跨越"物质空间"，缩短交流距离，或者延长信息在空间中的存在等，交流互动的高效性和真实性是其本质。它们不仅是交流的工具，而且完全融入人类社会和日常生活之中，历时性地改变了城市（聚落）形态和组织方式，以及相关的社会经济活动活等；甚至可以说，城市（聚落）本身"等价"于这些交流工具之和，也是为了方便交流而产生的，对应集体的社会生活。因此，数字化城市规划和设计并未超越基于社会经济文化的城市规划和设计，只是以另外一种新方式出现，即更高效的"虚拟"交流作用于"非虚拟"的实际生活。而社会经济文化活动的基础是交流互动，数字化的过程强化了其"网络"（Network）特征（Castells，2009），这也是数字城市和数字化城市规划的研究和应用关注"网络"的根本原因。

第三，如何采用数字化的理性思维（包括数学哲学方法论）发展城市规划和设计，同时又能兼顾"定性"的人文思想？在一定程度上，目前的数字化规划设计其实是20世纪六七十年代科学规划模式的升级版本，是科学理性的回归（Batty & Marshall，2009）。如果我们回顾一下城市规划设计发展历程，可以发现这个时代城市规划设计借鉴了系统工程、自动化、地理学和航天工程等理工学科模式，关注数据、数理模型、理性预测等，尽管这个趋势被后来注重社会、经济、政治的人文模式所取代，城市规划设计变得更加"文科"。不过，计算机、信息通信和人工智能等学科的快速发展不仅解决了很多技术难点，而且让"定量"的理性思维再现光芒。

例如，这种当代的理性思维中包含了复杂学科（Complexity）的数学哲学和范式，采用动态的、非线性的、反馈式的数理机制更加精确模拟、应对复杂的系统。在这种框架下，当代的城市规划和设计也反思了城市规划的本质。现代城市规划的出现就是为了解决早期工业社会中无序发展的问题，特别是瘟疫污染、交通拥挤、贫民窟等大规模的负面效应，因此本质上，规划设计的产生带有自上而下控制的特点（Hall，2002）。随着历史的发展，自上而下的规划设计并未完全解决城市发展中的各种问题，甚至恶化了某些城市问题，于是自下而上的规划理念得以提出，包括基于社区参与的规划方式（Taylor，1998；Hall，2002）；甚至在经济危机时期，某些学者建议激进的做法，完全抛弃规划（也包括自下而上的社区参与规划 [①]），由市场来自下而上地主导发展（Hall，1977，2002）。因此，这些自下而上和自上而下的规划机制和城市运行方式又如何定量模拟，如何数字化管理，如何理性预测？这些也是当今数字化城市规划设计理论和模型的核心内容之一。

1.2　低碳城市

1.2.1　与城市空间规划设计相关的碳排放

最近，低碳城市逐步成为热点话题，目前它没有严格的定义，一般指碳排放量"较低"的城镇，或者说是节能城镇、可持续发展城镇和绿色城镇。这个概念的提出是为了应对全球温室效应以及不可再生能源的危机，而二氧化碳是不可再生能源消耗中主要的产物之一，往往被认为温室效应的主要成因。要评估低碳城市，也许可以采用生态足迹的方法（Rees，1992），如伦敦共有人口 700 万，面积 1580 平方公里，需要 8.4 万平方公里的土地提供食物，需要 10.5 万平方公里的土地吸收碳排放物；或者可以研究环境、经济和社会指标及其关系（Adams，2006），给出综合的评判（图 1）。然而，对于城市空间规划和设计而言，低碳城市到底意味着什么？

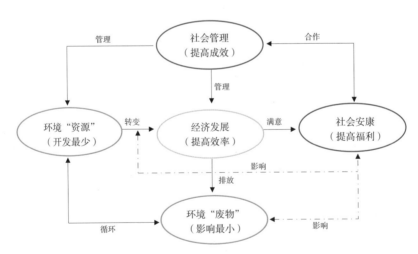

图 1　经济、环境以及社会可持续发展

（资料来源：Adams，2006）

---

① 自下而上的社区规划在经济不佳时，往往不能达成共识，延误了实质的开发就业计划，而导致投资者和居民的信心彻底丧失，经济进一步恶化，社会问题无法解决。例如，20 世纪 70 年代英国经济衰败时期，伦敦道格兰区持续恶化；1979 年上台的环境大臣迈克·黑斯廷（Michael Heseltine）针对该地区大约 10 年的社区参与式规划，用一句话总结道："每个人都参与了（规划），但谁都不负担任何责任，一切都变得越来越糟糕了。"这代表了撒切尔夫人完全市场化而又强调中央集权的城市规划理念（LDDC，1998）。

　　人们在工作和生活中消耗能源，排放出二氧化碳和其他废物；从本质上说，人们的工作和生活方式决定了碳排放量。我们先来看看能源消耗的产业构成，大概包括工业、交通、住宅建设和使用、商业，以及发电等几大方面。图 2a 显示了从 1949 年到 2009 年美国主要行业（除了发电）的能耗情况，能耗比例从高到低分别是工业、交通、住宅和商业，然而工业能耗近年有所下降；图 2b 显示了 2009 年美国各主要行业能耗的最终统计情况，交通能耗已经超出了工业能耗 8%，而交通能耗的 94% 来自石油，同时石油的 72% 供给交通，这在一定程度上说明了美国是个汽车轮子上的国家。再来看看老牌工业国家英国（图 2c），由于工业的衰败，从 20 世纪 70 年代起工业能耗就

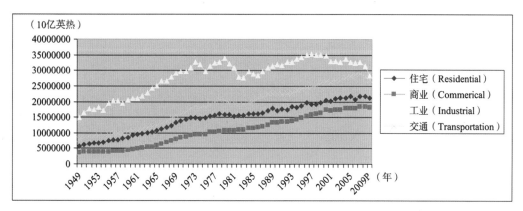

图 2a　美国历年各行业能耗图

（资料来源：根据美国能源情报署 2009 年能源评论的数据绘制；注：2009P 表示 2009 年初步统计）

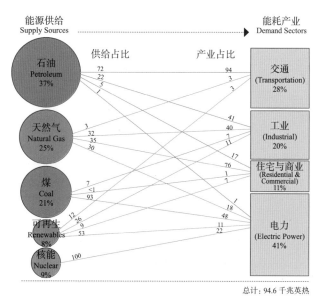

图 2b　美国 2009 年各行业最终能耗图

（资料来源：根据美国能源情报署 2009 年能源评论的数据绘制）

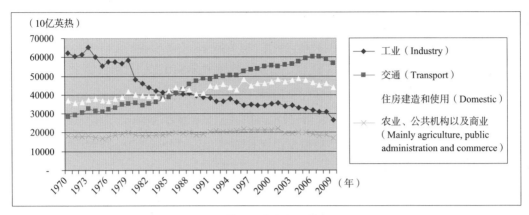

图 2c　英国历年各行业能耗图

（资料来源：根据英国能源与气候变化部，2009 年英国能源消耗的数据绘制）

持续降低，而交通能耗持续上升，住房能耗也缓慢上升，不过交通能耗在 90 年代初超过了住房和工业能耗，成为最高比例的能耗产业。

从英国和美国的情况可以看出，不管工业是继续发展，还是衰败，交通能耗一直在增加，甚至可能成为最大的能耗产业，同时住房建设和使用能耗也会保持较高的水平。我们再来看看 90 年代以来，两国二氧化碳排放量的情况。图 3a 显示了美国的情况：除了发电，交通是最大的二氧化碳排放产业，并且在持续增长；住宅排放的二氧化碳比例相对较低，不过也在逐步增加。图 3b 显示了英国的情况：除了发电（即能源供应），交通也是最大的二氧化碳排放产业；此外，住宅和商业的二氧化碳排放也都保持了较高的比例。因此，从英美发达国家的情况来看，交通和住房建造使用是能耗很高的产业，也是二氧化碳排放的主要资料来源之一；特别是交通排放二氧化碳的比例非常高。这两个方面都与城市空间规划设计密切相关，当然其他方面也与城市空间规划设计有间接关联。

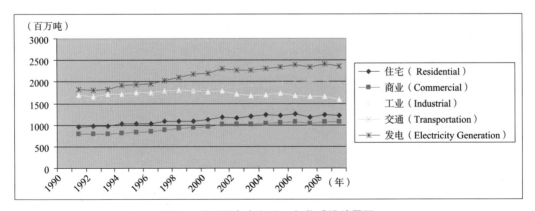

图 3a　美国历年各行业二氧化碳排放量图

（资料来源：根据美国能源情报署能源评论 2009 年的数据绘制）

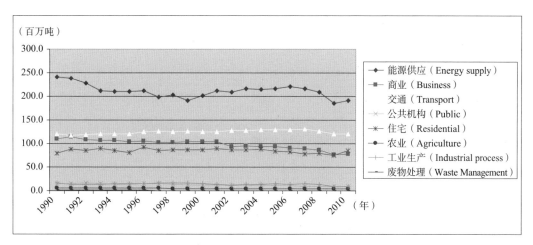

图3b 英国历年各行业二氧化碳排放量图

（资料来源：根据英国能源与气候变化部，2009 年英国能源消耗的数据绘制；注：2009p 表示 2009 年初步统计）

我们再来看看中国与其他国家地区的比较。图4 显示了 2010 年中国在工业生产、制造业以及建造业（包括房屋建造）排放的二氧化碳的比例高于欧美，也高于其他国家，这是由于中国目前是世界工业中心；然而欧美在交通产业排放了更多的二氧化碳，特别是美国的排放量比其他各国的总和还要多。中国在交通产业排放量低，是由于中国私人汽车产业还未得以充分发展，尽管近几年的发展突飞猛进。因此，图4 很明显地说明了如果中国要降低或者减缓二氧化碳的排放量，交通方式的选择是非常关键的，而交通又与城市空间形态、产业布局、用地规划和住宅小区的布局密切不可分，是城市规划设计的核心之一。当然，建造技术和建材等也是节能减排的一个重要方面，不过从城市（甚至区域）层面上高效节能地组织人们的交通（即人们的交流方式）是低碳城市的关键指标之一。这实际上提出了城市规划设计如何与交通和用地等统筹考虑的课题，因为在传统意义上，交通与城市规划设计是两个独立的专业，它们之间的互动关系也一直是个难解之谜。

此外，图4 也显示了欧盟 27 国的交通能耗只有美国的一半，然而欧盟 27 国人口（5 亿多）比美国人口（3 亿多）还要多。这是由于欧洲倡导公共交通，而美国偏向私车出行模式。交通方式的选择也与人们的生活方式密切相关，例如以私人汽车为主要通勤方式的大部分美国城市和以公共交通为主要通勤方式的很多欧洲城市中，人们上班、购物以及休闲的模式都差别较大；而生活方式的差异又导致了城市交通文化的差异：在欧洲使用公共交通被视为日常生活的一部分，而在美国使用私人汽车也被当作代步的基本工具。因此，城市空间规划设计在本质上是"规划、管理和影响"人们生活方式在空间的分布，而低碳城市规划设计从某种意义上来说也是倡导低碳的生活方式（或者文化），虽然生活方式是多元化的、复杂的，甚至不可能被完全规划。

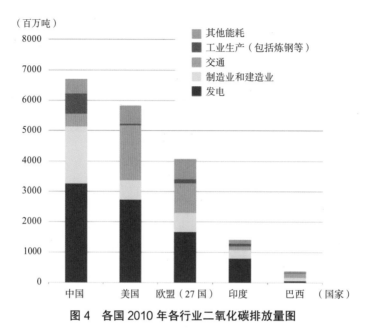

图 4　各国 2010 年各行业二氧化碳排放量图

［资料来源：Climate Analysis Indicators Tool（CAIT）Version 8.0，Washington，DC：World Resources Institute，2010］

1.2.2　城市空间形态的低碳式复兴

在西方城市规划界，特别是英美规划界，20 世纪 60 年代末的城市物质形态规划基本上已经属于非主流了。城市规划更多地研究城市社会、经济、管理和政策等"软"方面，而物质形态规划基本上属于设计的范畴；同时西方城市规划界也意识到物质形态不能"决定"社会经济发展，例如"良好设计的市容"不一定就会带来良好的城市经济发展或者城市安全等。因此，城市规划更多地涉及社会学、经济学和政治学等。但在 20 世纪末，环保、节能、可持续发展等逐步成为城市科学的热点，这导致城市空间形态正逐步成为西方城市规划再次关注的方面；特别是低碳概念的提出，能源和城市形态的关系又成为英美学术界关注的热点，什么样的城市形态更节能成为研究焦点。当前的城市形态研究已经不是 50 年代之前的物质形态美学研究，而是关注形态、社会经济等"软"学科、政策决策和能源科学等的彼此互动，寻求宜居、高效、节能、安全的城市空间结构。

在这种复兴过程中，北美和欧洲某些地区低密度的城市蔓延（Urban Sprawl）是主要的催化剂。而低密度的城市蔓延与汽车工业的发展密切相关。当私人汽车成为欧美人日常生活的一部分时，低密度的郊区化生活成为人们的梦想。其实英国霍华德

（Howard，1889）的田园城市已经提出了类似的蓝图。虽然霍华德（1889/1965）提出
的是采用铁路联系不同的城镇，也引入了代表生态的绿带和中心公园等，但当他的田
园城市概念传播到美国之后，就变成了"田园郊区"。斯坦恩（Stein，1942）更是提出
了汽车时代的社区，设想采用高速公路联系各个低密度的社区，形成区域城市（Regional
City），或者改造已有的高密度大城市。相对于 20 世纪上半叶高密度的工业城市中心，
低密度的郊区生活意味着亲近自然，更加卫生，也代表着更高的生活品质。低密度的
城市蔓延形态已经成为北美典型的城乡空间布局模式，洛杉矶是典型代表。虽然低密
度的城市蔓延逐步带来了原有城市中心的衰败、城市安全问题以及城市贫富分化等负
面效应，但它仍然是田园美好生活和自由的象征。可是，直到 20 世纪后期，能源问
题和环境问题逐步突显，低密度的城市蔓延才基本被公认为一种依赖汽车的生活方式，
也是一种浪费能源的城市发展模式。特别是纽曼（Newman）和肯沃西（Kenworthy，
1989），他们在研究了世界 32 个城市后得出结论：低密度的城市对应较高的交通能耗。
虽然研究方法受到质疑，但是他们的结论在城市尺度上得到公认。因此，人口（或者建设）
密度高的城市被视为紧缩城市（Compact City），它与城市节能关联起来了。城市是紧
缩还是蔓延，成为最近 20 多年的研究热点之一。

　　然而，人口或者建设密度并不是决定低能耗城市的唯一因素，城市空间形态的整
体性将会决定城市是否节能或者耗能。20 世纪 80 年代，一些欧美规划师和建筑师反
思了低密度的城市蔓延，并试图从高密度的欧洲传统城镇中寻找灵感。莱昂·克里尔
（Léon Krier，1977）总结了欧洲传统城镇的形态特征，包括高密度、混合用地、多中
心、多样性以及公共空间的可达性等，并试图用于当地城镇建造之中。他通过与英国
查尔斯王子合作，在一定程度上引发了英国城市乡村（Urban Village）的探讨和建设
（Thompson-Fawcett，1998）。在区域和城市的层面上，城市乡村主义实际上回归到了
霍华德田园城市的范式：为了保护农业用地，城镇被绿带围绕；城镇中心或者次中心
由铁路或者轻轨联系起来，成为城镇网络；城市次一级的分区、组团和社区围绕公共
交通站点布置，让人们能步行或者骑自行车到达公交站点；各级城市中心保持混合用
地，并尽量开发废旧用地（Brown Field）；建设密度由各级中心向各级边缘逐步减低，
保持中心区的高密度（UFT，1999）（图 5）。最近，彼得·霍尔（2011）进一步开展了
可持续的整合性有轨电车交通系统（Sustainable Integrated Tram-Based Transport Options
for Peripheral European Regions）的研究，试图将西欧和北欧（他定义的欧洲边缘区域）
的城镇有轨电车交通网整合到欧洲铁路网之中，形成以有轨公交为骨架的多极、多中
心城市网络，社区中心也将整合到区域公交网络中，这将从宏观上有效减少欧洲的碳
排放量。城市乡村主义也勾画出了社区是如何构建的（图 6）：公共交通（如公共汽车

或者轻轨）横穿社区，公交站设置在社区中心；围绕社区中心或者沿公交线路设置商业、公共服务设施、学校和社区诊所等，保持多种用地的混合；高密度的住宅穿插在中心混合用地之间，并使公共广场或者绿地均布其中；不同类型的住宅也混合在社区之中，保持一定比例的中低收入住宅等（UFT，1999）。当然，在实践中，城市乡村主义也备受批判，因为很多社区开发仅是以此为口号，并未真正实现各种规划设计原则；此外，不少城市乡村主义都有建筑形式上的复古倾向，这也是争论之一。

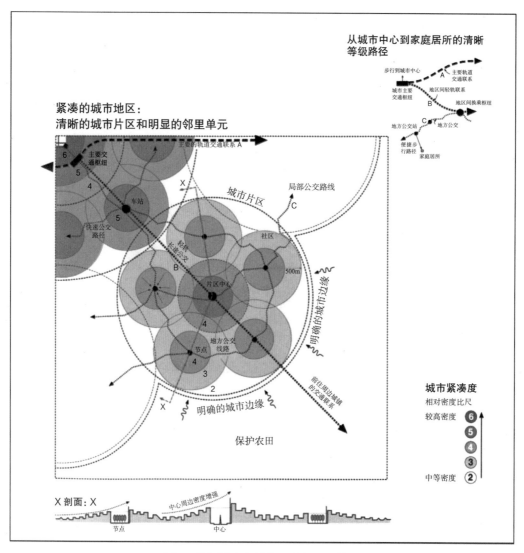

图 5　英国城市乡村主义城市形态模型

（资料来源：UTF，1999）

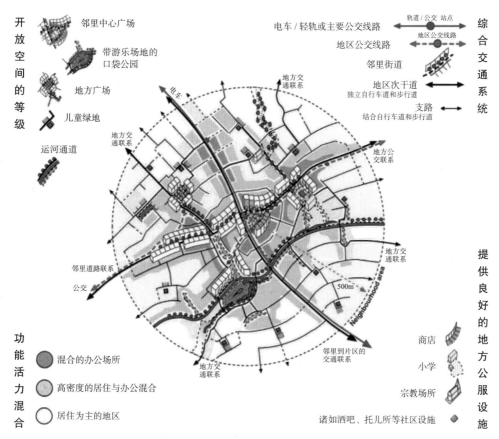

开放空间的等级
邻里中心广场
带游乐场地的口袋公园
地方广场
儿童绿地
运河通道

综合交通系统
电车/轻轨或主要公交线路　轨道/公交 站点
地区公交线路
邻里街道
地区次干道　独立自行车道和步行道
支路　结合自行车道和步行道

功能活力混合
混合的办公场所
高密度的居住与办公混合
居住为主的地区

提供良好的地方公服设施
商店
小学
宗教场所
诸如酒吧、托儿所等社区设施

电车
地方交通联系
地方交通联系
邻里道路联系
公交
地方交通联系
地方交通联系
地方公交联系
地方交通联系
500m
邻里到片区的交通联系
neighbourhood area

图 6　英国城市乡村主义社区形态模型

（资料来源：UTF，1999）

　　与此同时，美国也出现了新城市主义（New Urbanism）或者精明增长（Smart Growth），包括各种分支，其本质也是重新审视物质形态规划，并以形态（Form based）作为城市规划的基础之一。不少新城市主义的倡导者（如 Elizabeth Plater-Zyberk 和 Andrés Duany）也承认莱昂·克里尔的影响。不过，他们也明显继承了早期美国拉伦斯·佩里（Clarence Perry）邻里单位、英国霍华德的田园城市以及帕特里克·格迪斯（Patrick Geddes）区域生态规划的一些理念（Katz，1994）。不管是传统邻里设计（Traditional Neighbourhood Design），还是以公交为导向的开发（Transit Oriented Development）等，都从各个尺度上考虑中高密度的城市形态构成，也强调"交通网络"或者"通道"的作用。例如，东海岸的伊丽莎白·普拉特-兹伊贝克（Elizabeth Plater-Zyberk）和安德鲁·杜安尼（Andrés Duany）采用横断面（Transect）模型（图 7）进行区域和城市规划，按形态构成将城市分成 7 种典型的局部地区，包括高密度和用地混合的城市中心区，以及低密度的郊区等，然后按照不同的交通模式将这 7 种局部地区组合成为城市的整体结构（DPZ，1999），这种概念源于帕特里克·格迪斯的区域生态规划；西海岸的彼得·卡尔索普（Peter Calthorpe，2001）采用铁路网将各个城镇联系起来，成为区域上的城市群，这一概念来自霍华德的社会城市（Social Cities）。在社区层面上，新城市主义也主张将公交站设置在社区中心，同时采用道路网密度更高的空间结构促进商业和公共服务设施的可达性。

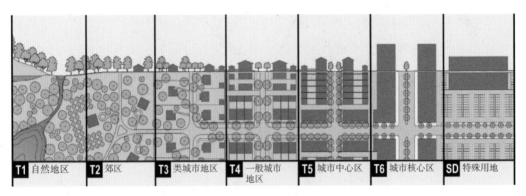

图7 美国伊丽莎白·普拉特－兹伊贝克和安德鲁·杜安尼采用横断面（Transect）模型

（资料来源：DPZ，1999）

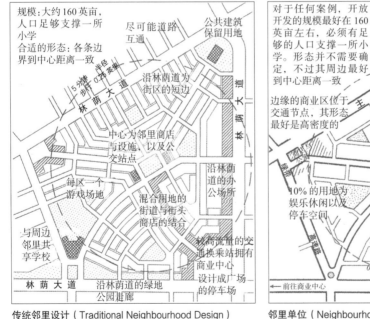

传统邻里设计（Traditional Neighbourhood Design）

邻里单位（Neighbourhood Unit）

图8 美国传统邻里设计（Traditional Neighbourhood Design）和邻里单位（Neighbourhood Unit）的比较

（资料来源：Neal，2003）

图 8 显示了传统邻里设计和邻里单位的差异：前者将公共汽车站放置在中心，并加密了道路网；后者设计了一条用地混合的商业街，从右下角边缘通向社区中心，试图增加社会活力和内外联系，防止成为"内向型"的沉寂社区（Neal，2003）。当然，在实践过程中，一些新城市主义的建设密度仍然较低，而且每个城镇的规模偏小，往往仍然需要依靠私人汽车出行。基于欧美的实践，不同城市形态是节能还是耗能，这仍然是一个有争议的课题，尽管大多数学者和实践者认为高密度和紧凑的空间结构是节能的城市形态（Banister，2007）。这是由以下几个原因导致的：

第一，哪种规模的城镇更加节能？很显然，由一系列分散的小规模城镇构成的城市群是不节能的（因为人们完全依赖私车出行），然而超大城市导致了严重的交通拥挤，也不是一种合理节能的城市形态。有研究认为市区人口超过 25 万的城市能有效地减少整体交通量，也减少人们对私车的依赖，但是这也没有定论（Banister，2007）。

第二，哪种类型以及哪种程度的密度更节能？密度可以指人口密度，也可以指房屋密度或道路网密度等。一般认为需要保持高密度使用城市的人口，因为高密度无人使用的房屋或者道路（如"卧城"和"死城"以及"鬼城"等）也是浪费能源的。然而，人口密度太高容易导致交通拥挤，也不节能。

第三，工作地点与家庭住址如何平衡？用地混合需要到达哪种程度？工作地点距家近，能有效地减少通勤量；然而由于房价等客观原因，家庭住址很有可能远离工作地点；此外，某些社区也许不能提供广泛的、高质量的服务（如学校、医院、超市、运动场等），导致了额外的出行，这又与用地如何混合相关。

第四，城市或者社区空间结构网络如何设计，保持空间结构与人们生活的最佳匹配（这里不是说前者决定后者，或者后者决定前者）？如公共交通站是否容易到达或易于换乘？不同的城市或者社区空间结构将会影响人们的出行方式和频率，从而导致用地的变化，而用地变化反过来又影响人们的出行，甚至最后改变空间布局，这是一个复杂而长期的互动过程（Hillier，1996），而空间结构是最难于改变的，建设或者拆除空间结构都是耗能的过程。

第五，如何平衡不同收入人群的出行模式以及住房消费模式？城市人口构成是复杂的，各个收入人群彼此相互依赖，然而由于经济和社会等原因，他们的行为模式在客观上是不一样的；不过，如果形成了"社会情绪上彼此对立"的封闭社区，如南美某些城市中大规模的贫民窟、城市中的高档社区或者特别种族社区的"孤岛"，不利于城市的安全和交流，也是不节能的（至少管理能耗成本高）。

1.2.3　社会基础设施网的低碳规划设计

上述问题其实都暗含了一个问题：城市规划或设计应在何种程度上"限制"城市发展，以降低能耗，减少碳排放？历史上，不少城市是自发形成的，没有任何统一的规划或者设计。在西方，现代意义上的城市规划源于 19 世纪末的工业革命，主要解决的是早期工业城市中高度拥挤的问题，以及伴随的卫生问题。从这种意义上来说，城市规划产生的目的是"限制"城市和乡村那种完全市场化的发展。同时，随着工业经济的发展和城市人口的聚集，冒险投资性开发（Speculative Development）大量出现了，这就涉及城乡开发权是属于市场（或者个人），还是属于国家（或者集体）的问题。在两次世界大战期间，英国出现了农业危机，因为开发耕地的收益巨大，大量农业用地变成城市用地，导致了城市的无序扩展。在这背景下，英国开始讨论是否让土地国有化，让土地开发权国有化，以及是否对土地开发征税等。二战进一步加剧了这种讨论，首先，1940 年的巴洛（Barlow）报告指出，城市问题与各个地区发展不平衡相关，建议城市规划体系的核心是"限制"，促进公正平衡发展；其次，1941 年的阿斯瓦特（Uthwatt）报告建议土地开发权国有化，规划批准之后获得的土地增值应该纳税，以便让更广泛的公众受益（Bettermentness），也让由于用地规划而受损的土地拥有者获得补偿；最后，1942 年的斯科特（Scott）报告强调保护农业、耕地和公共绿地，当时耕地与其他性质用地的开发获益相差 150 倍到 300 倍，一块地被"规划"为耕地还是其他性质的用地，土地增值的差别太大。为了保护耕地，报告建议规划不应把耕地改为其他性质用地，而让其他用地的规划得益变成公共利益，以保护农业。二战之后，农业问题更加凸显，英国农业部参与到城市规划制定之中，1955 年英国绿带（Green Belt）保护正式成为法律，采用绿带（这种看得见的物质形态）控制城市的无序扩张，保护耕地，因为"看不见"的经济补偿或者税收有时候在实践上难以实现（Cullingworth & Nadin，1994）。因此，在英国的城市规划中，"限制"（containment）一直都是一个主要话题，虽然城市的发展是基于市场经济。

在这个意义上，城市规划和设计是"限制"城市中人们的社会经济活动的负外部效应，从而达到整个社会的共赢。推及低碳城市空间规划，就是合理安排各种社会经济活动的空间布局，从而"限制"社会经济活动中产生的碳排量。城市的本质是人们克服物理距离，聚集在一起交流；而缩短交通的路径就是保持高效交流，并减少碳排放；此外，交通这个概念本身包含了起始用地和终点用地。因此，降低或者减缓城市交通的碳排放，也就是统筹考虑各种社会经济活动在空间的合理布局，形成优化的城市空间形态，同时尽量减少城市空间形态的拆建或者重修等。在低碳城市空间形态研究和实践中，交通（出行或者交流）应该是一个切入点，也是整合其他社会、经济和环境因素的一个出发点。

　　缩短工作地点和家庭住址一直都是一个解决问题的方向；甚至将家庭住址和工作场所合二为一也是一种理想目标，很多理论家和实践者希望电子网络能够实现这一点（Mitchell，1995）；然而研究表明，自从电子网络使用以来，交通量是随电子网络的发展逐年提高的，因为人们有机会认识更多的人，发现了更多的场所，产生了更多的需求，而面对面的交流是人的最基本需求之一（Hall，2006）；同时也导致了一部分人由于贫穷不能上网，而被"困在"自己的家庭或者社区内，无法获得更多信息而失业，从而导致了社会更加分化（Castells，2000）。其实，人们不仅是为了工作而出行，还有很多其他的需求，甚至搬家。例如，人们有可能为了儿女上更好的学校而选择搬家，或者不辞劳苦地横穿城市到达一所好的学校；人们有可能为了更好的医院而长途跋涉，也有可能为了更好的运动场所而远距离出行。

　　工作场所的选择更依靠市场规律的调节；然而，对于类似学校、幼儿园、医院、体育场所、公共绿地、保障性住房、社区服务机构、当地文化设施等这些社会性质的元素，城市规划可以"限制"它们的空间布局，从而形成均衡的社会基础设施网络，减少多余的交通出行。不管是 20 世纪 20 年代拉伦斯·佩里的邻里单位，还是 20 世纪 80 年代以来的新城市主义或者城市乡村主义，幼儿园或者小学等往往都是社区规划布局的中心，甚至社区规模都是根据这些社会性机构的步行服务半径决定的。因此，布局均衡合理的社会性基础设施网络将会影响城市中心、次中心和社区中心的布局；如果它们与城市公共交通体系合理地联系起来，将最终影响城市空间形态结构。

　　其中优质的社会性机构或者元素是每个家庭都关心的，它们也不能仅聚集在城市的某个角落，因为这必然会导致交通拥挤；它们应该分散到城市的每个角落，保持与周边住宅有合理的步行或者骑行距离，同时又通过城市公交网联系起来，增进可达性，从而自动形成各级城市中心，减少总体交通流量。其他商业办公空间和商品房会自发地随着这些社会基础设施和交通设施的空间布局选择自己的合适区位，这是市场规律，不需要刻意规划（当然也需要规范其基本标准）。此外，这些社会性基础设施也是面向当地居民的，有利于促进社区的形成，维护社区的安全，从而提高社会整体的经济效率。由于降低了社会管理成本，能源消耗自然也会降低。

　　这些社会基础性设施将作为"看得见"的形态元素，可以引导城市形态合理有序地发展，让城市作为一个有机整体而更加低碳。当然，低碳城市规划设计也可以降低住宅建设和使用过程中的碳排量，或者工业生产中的碳排量等，这些方面在本质上更依赖于新能源和新材料的发明、新工艺流程的创造，以及人们的日常生活习惯（如垃圾分类等）。从系统论的角度而言，城市空间结构作为一个基本框架，结合交通体系和社会基础设施体系，可以将城市社会经济活动整合起来，让系统高效运作，这是降低碳排放的一个方向，也是城市空间规划可以控制和管理的。

对于建立基于公交体系的分散式社会基础设施网络，除了空间上强制性规划（如住宅区千人指标等）之外，还有其他补充方式吗？社会基础设施建设的经费肯定主要来自公共财政收入，即税费。结合市场经济和城市规划公平性的基本原则，可以采用较为灵活的方式让社会基础设施均布在城市之中。例如，英国除了运用公共财政收入（包括占地方财政收入 25% 的房产税）发展社会基础设施，还采用规划得益（Planning Gain）或者规划义务（Planning Obligation）的方式使房地产商让出一部分收益，共同协商发展当地急需的社会基础设施。规划得益建立的法律基础是土地开发权属于国家，用地性质由规划部门确定，不同的用地规划方案将导致不同的收益，如耕地和商业用地的收益差别很大。这部分规划收益应属于社会，房地产商需要提供各种社会性设施，从最便宜的公共绿地直到最昂贵的可负担住宅，要么直接建设，要么缴纳相应费用，让第三方建设，否则规划部门可以不批准其开发方案。例如，根据《英国城乡规划法》第 106 条，超过 15 户的房地产开发需要提供一定比例的可负担住宅；2006 年英国 44% 的可负担住房通过第 106 条的方式提供。美国也有类似的制度，称为影响费（Impact Fee）。这样，通过市场协商机制，社会基础设施就自然分散到城市的各级中心和各个社区中，同时开发商也可以看到他们所缴纳的费用具体建成了什么样的社会基础设施，避免费用在二次分配中的损失。当然，对于规划得益和影响费也有不同的看法，规划部门可以探索其他适宜的方法。当"看得见的"社会基础设施与公交体系良好结合之后，不仅能减少交通出行，还能促进社区繁荣和谐，这也是建设低碳城市的一个方向。

1.3　包容性城市

1.3.1　包容性过程的萌芽

不管是数字城市，还是低碳城市，西方城市规划设计从注重物质性的自上而下的"控制性图纸与条例"逐步过渡到注重自下而上的包容性"规划设计过程"，其中也伴随着不同时期规划师的自豪与失落，甚至无奈，促进规划理论家们与实践家们不断地思索怎样更好地定义规划与设计，怎样把理论与实践结合起来，规划设计是否可以享有医学与法学那些学科的"荣耀"等。彼得·霍尔教授对此曾有深刻的论述与反思，如他曾揶揄道：1955 年毕业的规划师趴在图板上，画着红红绿绿的用地示意图；1965

年毕业的规划师建立数学模型，借助电脑计算交通模式与用地；而 1975 年毕业的规划师只好与各种社区团体彻夜畅谈，组织居民抵制外界的"入侵"，好像成了"地方政治家"，但失去了"专业技能"（Hall，1996，2002）。下文将以他的框架为主回顾一下西方城市规划的发展，这也是空间句法进入规划设计实践的背景。缺少这个背景的回顾，将很难解释为什么空间句法在西方会得到当代规划设计界的认可。

正如彼得·霍尔教授所说，大约在 19 世纪末和 20 世纪初，西方城市规划才作为一门学科出现。1909 年英国利物浦大学首次成立了城市规划系，同年美国哈佛大学设立了城市规划课程，但 1929 年才成立单独的院系；1914 年英国伦敦大学学院成立了第二个城市规划系，同年英国规划协会成立（1959 年得到皇家认可），直到 20 世纪 30 年代末才批准了 7 所学校的规划考试作为协会成员的认证。在 60 年代以前，西方城市规划完全基于设计，规划师的专业任务就是提出物质性总图方案，发展导则与规范，强调控制，逐步形成了以用地控制为基础的城市规划专业，明显区别于城市社会或者经济规划。当然，这个时期是规划的黄金年代，规划师的地位也类似于医生、律师等，属于"救世主"式的专业人士。

然而，20 世纪 50 年代中叶，这种物质性的规划已经开始走下坡路了，因为这种规划本质上是设计静态的用地平面图，类似于传统手工业，依赖规划师个人的经验，而这些经验又因人而异，也没有形成任何类似医学或者法学那样完整的科学理论；同时，西方在二战后人口迅猛增长，社会进入了消费时代，汽车等耐用消费品大众化，这一切都加快了城市的扩展与更新，而传统的规划方式对此有些力不从心，不能有效地预见城市中各种动态的发展，也不能解决复杂的社会经济问题，反而导致了很多城市问题，甚至在某些区域激化了社会冲突，人们开始不信任规划师了（Hall，1996），如简·雅各布斯（Jane Jacobs）这样的社会精英也在批判当时的规划模式（Jacobs，1961）。

在这之后，城市规划的范式发生了变化，美国国防与太空计划的系统论思想、德国地理学家们的经济与社会区位理论等进入了西方城市规划界。一部分城市理论家（包括经济学家、社会学家、地理学家、电子工程学家等）与一些实践者意识到了规划是一个过程或者程序，而不是一个结果，同时他们呼吁规划成为一门科学，而不是"手工业"。他们不再凭个人经验"假想并设计"物质用地与交通等的空间"蓝图"，而是把建成环境看作一个系统，记录并分析那些物质、社会、经济等因素是如何在地球表面上分布的，然后用数学公式预测未来的规划方案，于是"设计蓝图"变成了"建立模型"。规划师的工作变成了采集人口、就业、收入、交通、用地，甚至个人偏爱等各种社会经济因素，建立数学模型，分析计算结果等；同时，整个工作是滚动式的，随着规划的进展，数据加以更新，结果发生变化，策略加以调整。规划从物质性设计进入了社会与经济领域，它的范畴与地理经济学、人文地理学等学科相重叠；而传统的物质规划师变得非常迷茫，感叹黄金时代一去不复返（Hall，1996）。

然而，60年代后期，美国的种族、贫穷、失业等问题越来越严重，甚至导致了城市暴乱，这意味着城市系统并未按照数学模型在发展。于是，人们意识到由于每个人或每个团体都不可能拥有足够的知识与权力解决复杂的城市问题，各种经济、社会、政治因素相互缠绕，甚至彼此冲突，即使某个超人能收集到所有数据，放入数学模型，它们之间复杂的影响也会让这个模型坍塌，而不能真实反映并预测现实的决策。因此，社会各界越来越怀疑系统性规划，不相信专家们自上而下的规划方式。伴随着反越战等活动，自下而上的规划思想与实践浮出了水面。此刻，各种口号与标签层出不穷，比如渐进性规划、倡导性规划、协调性规划以及概率性规划等，它们的共同特征就是削弱规划师的权力，就如同剥掉牧师神圣的外袍，只让规划师成为各方利益团体的协调员，看似规划师已经成了"社会活动家"，可是他们变得没有任何专业技能，除非人们认为"调解"也是规划师的本职专业；然而，一部分人却认为规划师的专职就是政治活动，这实际上是在消解规划师这个职业（Hall，1996）。表面上，规划师好像能够处理任何问题，遍及政治、经济、社会、设计、机械工程、交通等各大领域，但是彼得·霍尔教授（1996）引用了维尔达夫斯基（Wildavsky，1973）的一句名言："如果城市规划涵括所有领域，那它也许什么都不能解决。"于是，任何人都在怀疑规划师的作用。从60年代末到70年代初，规划师逐渐进入了"沮丧时期"，他们已经被边缘化了。然而一方面，这促使了公众参与规划的理念深入人心，另一方面，规划理论家与规划师们开始反思规划设计是什么，意识到应该区分规划过程与规划成果这两个概念，思考规划是否应该既研究这个世界是什么样的问题，又研究这个世界应该如何的问题。

1.3.2　理性循证的必要性

有了公众参与，是否就不需要规划设计行业了？20世纪70年代，理论界的大卫·哈维（David Harvey）、曼纽尔·卡斯特（Manuel Castells）、亨利·列斐伏尔（Henri Lefebvre）等马克思主义学派的学者从政治经济学或社会学等角度讨论了规划，认为它是必需的，可以缓解社会矛盾，减轻消费社会的负面效应，促进劳动力的再生产。另外，不少实践家们也逐步意识到了各种相关团体彼此争论，都在强调各自的"合法"理由，特别是当大家拿出"多样性"的筹码时，往往使得谈判没有共识，也就无法实现任何开发。例如，70年代的伦敦道克兰区更新就是典型案例。当时，道克兰区属于东伦敦衰败的码头区，聚集了白人蓝领、印巴以及黑人等少数民族社区，属于三个行政区的交接地带。70年代初期，大伦敦政府以及各个地方区政府就已经意识到了道克兰码头区正在衰败，制定了不少复兴规划计划，其中大伦敦政府还制订了五套方案，从激进式的新城建设到渐进式的社区更新，但都是基于传统的用地控制规划。然而，此后的规划理念发生了根本性的变化，主张自下而上的公众参与，以社区为基础形成了大量不同种族、文化、经济、性别等方面的自发团体，也形成了代表当地居民的道克兰区联合委员会（Docklands Joint Committee）与道克兰区论坛（Docklands Forum）等组织，各方都在根据自己的利益咨询、规划、抗议等，同时，三个地方区政府也有各自的想法和进程表。于是，任何方案都未得到共识，本地居民也开始变得绝望了，不少有技能的居民也逐步移出这个地区，到了 70 年代末，道克兰区变成伦敦最穷、社会问题最多的地区，甚至伦敦其他地区的市民否认这片地区属于伦敦。1979 年上台的环境大臣迈克·黑斯廷用一句话总结了这种情况："每个人都参与了（规划），但谁都不负担任何责任，一切都变得越来越糟糕了"（LDDC，1998）。

与此同时，一些理论家呼吁用市场代替规划控制，以此适应快速变化的城市。如彼得·霍尔等学者于 1969 年提出的"非规划"概念，建议在城市更新的过程中取消任何传统意义上的控制性规划，让自由市场来主导（Hall，1977）。英国撒切尔政府与美国里根政府都采用了类似的概念发展城市。如 1981 年 7 月 2 日迈克·黑斯廷批准成立英国最大的城市发展开发区（UDCs）——道克兰区合作开发区，采用了"非规划"的模式，同时也排斥了当地居民，甚至区政府的参与。这不仅引发了当地居民大规模的抗议，而且社会各界的批评蜂拥而至，加剧了当地居民、当地政府的不合作态度。一方面，90 年代初，道克兰区的更新以其最大开发商的破产而宣告失败，让人们一度反思这种"非规划"的模式，后来彼得·霍尔也辩解道，在提出此概念时，他也认为这只是个乌托邦式的模型，英国福利政策决不会容许这种激进的规划方式（Hall，2002）。当然，由于 90 年代中期英国经济复苏等原因，道克兰区的更新最后成功了。其中一个重要原因就是各方逐步形成了合作规划与开发的共识：即迫于各方压力，道克兰区合作开发区于 1987 年开始逐步让区政府与当地居民参与更新计划，甚至 1991 年年底让他们的代表进入决策层，重点改善地方社区的教育、培训、医疗、公共设施以及社会住宅等，形成公共部门、私人机构和志愿组织的合作模式（LDDC，1998）。

可以说，这时期的规划实践包括了两种"反控制性规划"的途径：公共参与和市场配置，而新的规划模式正在酝酿之中。20 世纪八九十年代，城市规划实践大概分成了两大类型：1. 类似于行政人员的工作，解释各种规划导则与规划法规等；2. 地方公共部门、私人机构、非政府组织、居民委员会等彼此合作，提出规划方案，各种合作组织之间又彼此竞争，期望获得规划批准并实施，形成了自下而上的游说式规划模式（Hall，2002）。然而，在理论界出现了后现代主义为主导的规划思想，借鉴了建筑、电影、文学等后现代理念，强调不断变化的现实、混沌与碎片等，甚至认为世界就是由符号与虚像构成的，进而突出各自文化与爱好的不同。这使得某些"文化至上"的规划理论变成"极端民主主义"，每个团体或个人都在强调自身无需证明的"文化独特性"，沉浸于规则与道理的相对性，拥抱一切都不确定的后现代梦想。彼得·霍尔（2002）等学者对此表示质疑：这些理论本质上否定了现代主义的根基——理性，没有理性也就没有规划，没有理性各方就各说其事；而且爱好某种文化是不需要理由的，也就无可辩驳；这样参与规划的各方就永远不能达成共识。这表明了象牙塔中的规划理论与规划实践分道扬镳了（Hall，2002）。

然而，在这个规划思想的变迁过程中，社会各界形成了一个共识：自下而上的包容性规划，即相关的团体与个人都有平等权利参加到规划设计的过程中，即使各方不可能达成共识。而实践界认为公共参与应该在透明的过程中形成某种合作关系，尊重各方的利益与要求，力求改善现状，让一切变得更好（Smith，2007）。在一定程度上，包容性规划包含了公众参与和市场配置的过程，基于理性谈判，其底线是"不变坏"；只有理性地交流才会形成多方合作的形式，才能自下而上地形成多方共赢的可行方案。此外，包容性规划的出现也有其他后现代的背景：20世纪末以来，全球化、商业化、信息化和第三产业迅猛发展，这使得当代城市面临更多的社会、经济、环境以及文化等方面的挑战与影响，从而变得更加复杂、多变和脆弱，任何一个环节的失误都有可能带来难以承担的城市问题。因而，城市的发展变得更需要从整体角度来考虑，或从"可持续发展"角度来分析，其中让各方都负担责任就成为城市规划与设计的目标之一。

由于参与规划的各方背景各异，包括当地居民、各级政府、全球各地的开发商与非政府组织、各种咨询专家等，交流的方式变得多种多样，传统的绘图、"科学"的模型、个人经验的陈述、讨论会、听证会等涌现出来，不管是传统的规划师，还是系统论的规划师，看来又找到了自己的专业定位，当然不再是延续以前自上而下的规划了。而是，由于"自上而下的权威"的相对消解，"现状证据"就显得更为重要了，包容性规划的基础部分就是循证，即将现状证据呈现给各方，同时又促进各方基于这些证据理性分析与讨论，才容易形成各方认可的方案，其中交流方式的直观性与简易性尤为重要。

1.4　可持续城市

1.4.1　可持续发展的城市形态

前述讨论的数字城市、低碳城市、包容性城市从信息化、碳排放、人本化等方面探讨城市形态设计及相关城市规划背景的不同解读，也许这些最终与可持续发展更为密切相关。可持续发展的概念激化了人们重新思考城市形态，使得人们猜想某些城市形态更能支持可持续发展，如同现代主义时期，人们猜想某些城市形态对应某些城市功能。然而，可持续发展的定义比较模糊，开始往往局限在环境保护与节能的领域中，随后扩展到其他很多领域，成为一种思考方式或口号。目前公认的还是布伦特兰（Brundtland）夫人于1987年提出的定义："可持续发展是满足当代人类需求的，同时不损害人类后代需求的发展"（United Nations，1987）。这个定义也可以诠释为人类需要维持自身生存系统的良好而持续的运转，需要从长远的、整体的角度思考当代的人类活动及其影响。一般情况下，可持续发展分为环境、经济、社会三大方面，它们彼此不可分割：环境可持续发展是通过环境保护与"零排放"维持安全而舒适的人居环境；经济可持续发展促进经济的稳定增长，并节约资源与能源；社会可持续发展保持社会财富分配和社会服务的公正与和谐。因此，可持续发展与城市形态的联系也大致体现在三大方面，如绿色的城市形态、经济可持续的城市形态以及社会和谐的城市形态等。这实质上承认了城市的物质形态对人类的各种活动还是有重要影响的，虽然"形式决定功能"的现代主义思想被或多或少地否认了。甚至某些学者与实践者，如安德鲁·杜安尼（2000，2003），认为城市中物质形态的演变比用地性质的变化更加缓慢，为了解决西方城市低效扩张的问题，再次提出了基于形态而不是功能的规划分区制。

目前，在设计层面上，可持续发展的城市形态有几种引导性原则：紧凑、较高密度、多样化、混合用地、绿色交通等，这些都是在回应城市超低密度扩张、单一功能的"死城"、对私人汽车的严重依赖等城市问题。紧凑的城市形态是可持续的，这种观点基本上得到了共识。由于城市形态变得紧凑，将减少人们的出行距离，减少产品、能源、物质材料、水等的运输距离，减少环境污染，促进人们的交流，增加城市活力等。它体现为限制城市扩张，提高开发强度与密度。于是，较高密度也是评估城市形态的另一个重要指标，密度包括人口与建筑密度两个方面。早在19世纪末，德国人格奥尔格·齐美尔（Georg Simmel）就发现了较高密度是大城市的主要特征；20世纪初，芝加哥学派的代表人路易斯·沃思（Louis Wirth）也提出了相对于乡村，城市是一种新的生活方式，三大特征之一就是较高密度（Saunders，1981）。虽然较高密度在早期工业城市中导致了很多问题，特别是恶劣的住居卫生环境与严重的污染，然而，时至今日，那些问题已经随着科技的发展得到了一定的解决，而低密度的"逆城市化"反而导致了更大的环境、经济与社会问题（Jenks，2000）。在紧凑与密度的争论中，也蕴含了当今人们对多样化的需求，人们希望在较近的距离内获得更多种类的资源与服务，这样也能保持城市的活力与安全。于是，混合用地也逐步成为目前学者、规划师与设计师的普遍共识。混合用地指住宅、商业、办公、娱乐、工业、行政等不同功能活动在城市形态中彼此相距较近，减少人们参与各种活动的出行距离，减少交通污染，增加人们的交流机会等。这在本质上体现了路易斯·沃斯等人提出的城市人群之间的相互依赖性，这种依赖源于城市社会中更明确而又更密切相关的社会分工，也形成了独特的城市形态（Saunders，1981）。上述这些原则都暗含了一层意思：减少不必要的人员、物质与能源流动，但增加人们的社会交流。因此，在某种程度上，可以说交通是这些原则的核心问题，与可持续发展的城市形态最为密切相关。绿色交通应该既考虑到交通的经济承载能力，也考虑社会与环境的资源消耗，还要平衡流动与安全的需求，以及可达性、环境质量与宜居性的需求（Jordan and Horan，1997；Jenks，2000）。为了达到这些目的，城市形态的适当选择也是关键的。然而，在实践中，城市物质形态的设计与交通设计往往是分开的，城市设计师与交通工程师的工作往往并未充分沟通。我们仍然需要进一步研究可持续的交通与紧凑、密度、多样化、混合用地等形态原则，设计并评估可持续发展的城市形态。

1.4.2　城市空间网络的可持续性

那么，什么样的城市空间结构体现了可持续发展的城市形态？不管从用地性质、地租价格、产业布局，还是人口构成、经济收入、建筑风格、绿地，抑或纯粹的路网结构等方面，前人都总结了一些城市形态模式，如带状、星状、方格网、同心圆、单中心、多中心等形态模型，其中多中心的城市模型往往被认为是一种可持续发展的形态，促进了城市各方面的均衡发展，也维持了多样性原则。伦敦大学学院的迈克·巴

蒂（Michael Batty）研究小组在地理信息系统中标示了大伦敦区域（大大超越了伦敦市的行政边界）中各级城市中心，包括168个较大的中心以及2000多个较小的中心，可以发现大伦敦区域明显呈现多中心的模式，虽然伦敦中心地带的城市中心更加紧密（图9）；考虑到大伦敦区域的私人汽车保有量逐年下降，而经济收入居欧洲首位，即使非常富裕的居民也愿意使用公交系统，减少能耗与污染，这种多中心的城市形态被认为是可持续的。

图9　大伦敦区域的各级城市中心

（资料来源：伦敦大学学院高级空间分析中心）

　　不过，伦敦大学学院空间句法研究中心从空间自然法则、网络构成机制以及城市演变的角度审视了城市空间形态，给出了定义可持续发展的城市形态的新方法。希利尔（1996）首先思考了人们为什么要聚集在城市中，他认为人们需要交流物质、技能、思想等才聚集在一起，城市应该具有"水库"那样的汇集与容纳作用，因此缩短彼此之间的实际距离与认知距离等是必要的，大家需要离得比较近，也需要不费劲地识路而找到对方。然而，城市的本质不是为了促进高速运动。当一个人高速运动时，他/她与其他人的交流效率会急剧降低，也会影响其他更多人的交流，即使出发点到目的地之间的交流更加快速。因此，高速度并不能解决人们聚集的需求。从任意一点到其他任意一点都是高速度，就类似完全依靠私人汽车的"城市"，只会造成一个又一个的"部落"，这其实不是真正意义上的城市。因此，虽然从霍华德起，很多人就设想通过快速交通把一些环境宜人的小城镇联系起来成为新的城市模式，如美国新城市主义就提出了类似的想法，但这并未取代纽约、伦敦、北京等大都市；而且大都市越来越多，并未随电子网络的流行而减少。希利尔认为美国新城市主义的建成案例本质上仍然基于"分散"而不是"聚集"的思想，所以规模都太小而不能成为真正意义上的城市，仍然类似郊区的小城镇，虽然在一定程度上回应了美国超低密度的城市扩张问题，但仍然不是可持续的。

　　其次，空间几何具有自身的客观法则，人们会有意识或者无意识地遵循这些自然法则组织城市空间。如对于同样面积的空间形状，圆形中任意一点到其他任意一点的距离之和最小，但是空间越靠近圆心，这样的空间与该形状周边的空间越隔绝；而对于空间线段，任意一点到其他任意一点的距离之和最大，任意空间与该形状周边的空间都密切联系。又如，一条线段空间的模式是最容易被理解的，因为识路方式最简单，人们绝不会迷路，即沿直线走，不用拐弯，总能找到目的地；然而，线段中任意一点到其他任意一点的距离之和最大，这形成了实际距离与认知方式之间的冲突。因此，城市空间在演变的过程中，既需要让街道"尽量弯曲"，保持所有街道之间的实际距离尽可能的近，又需要保持街道沿直线的趋势延伸，保持简单的认知模式，这两种力量在相互冲突，形成了实际的城市形态（Hillier，1996）。因此，可持续发展的城市形态不可能是一条线，也不可能是一个圆。

　　再次，希利尔（1996）研究了世界不同地区的城市演变，发现城市空间形态是随演进时间而变化的，从最初的简单形态，如"两层皮"的街道或者环状主街，发展到复杂的形态，如多层重叠的方格网或非规则的形态，然而用"空间网络"的概念可以统一各种城市形态，网络形态的客观法则可以解释城市形态的合理性以及它们的演变。例如，他发现绝大多数城市在发展的最初期都呈带状或者不规则的环状，即要么是沿一条主街发展，要么沿一条宽窄不一的环状空间发展。这反映了最基本的空间形态法则：一条不太长的主街最容易被理解，人们不会迷路，且彼此间的实际距离也不是特别大；环状空间极大地缩短了人们之间的距离，也容纳了更多的人口，一个环状空间也不是太复杂。第二点中的几何法则决定了这样的形态与功能的对应。然而，这些初级阶段的小城镇不会沿那条主街一直发展下去，也不会停止于那条封闭的环形。因为当主街太长时，就意味人们之间的实际距离太大，这就失去了城镇的"水库"功能，就是不可持续的发展；当人口增多后，人们也不会无限度地挤在环形空间的两侧。从而，这些小城镇也许会沿另外一条主街发展，或者形成另外一个相邻的环，也就是格网的原型，或者规则，或者不规则。

于是，小城镇将向其他方向发展，也往往是"两层皮"的方式，形成了新的街坊块（由街道环绕的地块），较原有的街坊块更大，甚至街坊块中央还是农田或者荒地。然而，空间网络的雏形已经形成了，往往是中心比较密集，四周比较稀疏。为什么是这种形态？如果考虑整个网络的组构方式，就会发现这种形态具有最大的空间整合度，即任意空间到其他任意空间的距离之均值的倒数。例如，希利尔（2001）比较了四个概念中的小城镇，左上角中四周的街坊块大于中心的，而右下角中心的街坊块最小（图 10）。各个小城镇下方是任意空间到其他任意空间的距离之均值。可见，右下角的

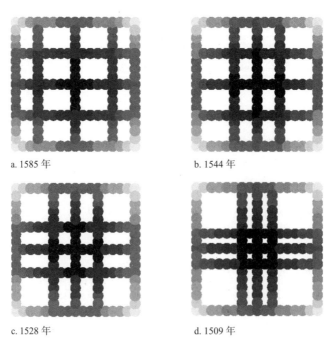

a. 1585 年　　　　　　　　　　　　b. 1544 年

c. 1528 年　　　　　　　　　　　　d. 1509 年

图 10　四个概念小城镇的比较，图中数据为任意空间到其他任意空间的距离之均值

（资料来源：Hillier，2001）

小城镇具有最小的均值，即最大的空间整合度。当然，具有这样的形态模式的实际小城镇不一定都是方格网的。不管是方格网的，还是不规则的，它们的空间整合度都会较高，而且数值接近。从而，希利尔认为城市空间图形本身并不是关键的，而是空间图形的组织构成方式是基本的，然而这种组构方式必须从整体的角度才能理解。整体包含两层意思：一是空间上的整体，也许个人无法"鸟瞰"整个形态，但是个人所组成的社会一直都在"鸟瞰"它；二是时间上的整体，也许某个时间段小城镇与这种形态不相吻合，但是随着时间的流逝，小城镇会逐步靠近这种形态。

　　小城镇继续生长，一方面它会尽量保持延伸已有的主要道路；另一方面它会"随机地"开发各个大街坊块，或者更新建成的小街坊块，让某些路网密集化。这是一个复杂动态的过程，但仍然会遵循形态组构法则：尽可能地延伸最长的街道；需要打断街道时，尽可能地打断较短的街道；保持某些局部路网的密集化，又让整个城市保持较高的可理解性，兼顾地方空间文化，但绝对不会让城市整体空间演变成为一个"迷宫"。只遵循这个原则，希利尔在计算机中随机地模拟"城市"，可以生成看似像城市而不是迷宫的东西；然而，如果不遵循这个原则，随机生成的东西就是迷宫（图 11）（Hillier and Hanson，1984）。希利尔等分析了世界各地众多大中城市的空间组构方式，仅仅是这种组构方式就揭示了城市中存在两套网络：一、遍及城市各处的主要街道网络，图 12 中红色的网络，它不仅是交通的主干道，也是人们交往的公共空间，这种网络的组构方式对应了最大化经济交流的功能；二、遍及城市各处的背景网络，主要是住宅区的空间网络，这种网络的组构方式对应了控制交流方式的功能，通过空间体现了地方文化。

图 11　左为遵循一个原则的模拟结果，像城市；右为随机模拟结果，像迷宫

（资料来源：Hillier and Hanson，1984）

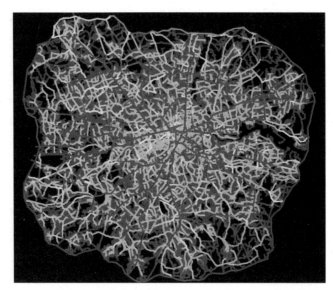

图 12　大伦敦区域的空间组构图，全局整合度，直径超过 50 公里

（资料来源：根据 Hillier 的模型绘制）

再看看大伦敦区域的空间组构方式，这次分析的尺度是整个区域系统（直径超过 50 公里），即从系统中任意一个空间到其他所有空间的关系，结果如图 12 所示，其中红色表示空间整合度最高，蓝色表示最低。如果比较显示城市中心的图 9 与反映组构关系的图 12，就可以发现它们之间存在相似点，城市中心基本上都是分布在整合度较高的空间中，即分布在图 9 中红色网络中，这说明了城市中心实际上也构成一张网络，或者说城市空间网络"决定"了城市中心的出现。

图 13 是整个英国东南区域的空间组构图，其中的红色部分对应了该区域内主要的城市（镇）中心区，不仅表明了该区域上多中心的布局，也说明了伦敦的核心地位。这些分析都说明了即使在大城市或者区域范围内，空间网络的组构方式也能够描述多中心的区域或者城市模式，虽然这种多中心模式也是有等级的。从空间网络的角度而言，各级中心的模式是网络自然发展的结局，它是为了让人们能在城市中聚集，让不同规模的出行活动在城市中混合，让城市保持自身的活力、安全与经济效益。"空间网络"不是告诉我们某种特定的城市形态是好还是坏，如它不能说明带型城市就比方格网的好或者差，而是基于空间自然法则提出了一种分析方法，让我们从各种尺度分析特定的城市空间形态（也许是现有城市，也许是方案，甚至是个人草图），找到城市形态与功能的特定对应关系，然后得到特定的可持续发展的城市形态。对于可持续发展的城市形态，它只是提出一种最基本的原则：城市空间网络在演变的过程中，生成了各级城市中心，这些中心又彼此交织成为网络，渗透到住宅区的空间网络之中，让每

个人都感觉自己靠近一个较小中心，又不远离一个更大的城市中心。

图 13　英国东南区域的空间组构图

（资料来源：Hillier 及伦敦大学学院）

1.4.3　形式与功能的关联性

　　空间句法理论与方法基于人们在空间中活动，以及又运用空间安排这些活动等事实，从空间的角度桥接了城市形态、社会以及空间认知等领域，提出了空间的网络结构在很大程度上决定并影响了人车流的分布，进而影响了用地、建成环境的密度、犯罪活动、社会活动、交通废气污染等因素的空间分布，这些因素反过来又影响人车流的分布，进而改变空间布局，同时伴随着倍增效应，让城市形态与社会经济等因素有机联系起来，这个观点在前面几期的相关文章中有具体介绍。在本质上，希利尔（1996）教授试图解决"形式与功能"的经典关系问题，即物质形态与其社会、经济、环境等功能是否相关？如果相关，又是如何发生作用力的？这就是可持续发展的形态需要回答的基本问题，如果形式与功能没有关系，那么也就没有必要寻求某个（些）可持续发展的城市形态了。

　　在解决这个问题的过程中，希利尔（1996）意识到了两点：一、空间是实体形态所限定的，人在空间中活动，也就是说"空间"是实体形态与功能的"媒介"；二、在活动的过程中，人们都会试图构筑或者理解某个空间组构，即每个空间之间的相互整体关系，虽然这种关系非常复杂，未必被精确感知，也未必被有意识地刻意认知。第二点也暗示了空间本身就具有功能与形式，人的活动受到了空间组构影响，同时人的活动又产生了空间组构，因此，形式与功能是不可以分开的，空间组构把形式、功能，或者说人的活动统一起来了。在这种意义上，希利尔（1996）认为虽然现代功能主义中"形式决定功能"的说法已经证明是错误的，但是任何人都不可否定形式仍然会或多或少地影响功能，反之亦然。此外，人们仍然在期望设计这种或者那种城市形态，以"生成"人车流模式或者人的各种活动，而它们之间的媒介正是"空间组构"。各个局部空间按照某种方式组织构成在一起，人们都能或多或少地感知到这种组构方式，依据这种方式识路、指路以及交往等。虽然每个人所感知的组构方式不尽相同，空间的组构方式也在变化，然而在特定的时间与尺度范围内，人车流或者人的活动模式与空间组构方式在统计上是一一对应的，即在很大程度上，空间组构方式决定了人车流等活动模式。这就是工程师们典型的"机器范式"。工程师按照某种方式把各个零件组织起来，构成一部机器，那么原材料通过机器就"转变为"某种产品。当我们设计城市时，我们也往往遵循同样的"机器范式"，把各种空间零件组合成城市空间结构这部机器，于是随机的人群运动（原材料）就"转变为"某种人车流或者活动模式（产品），尽管也存在出现"次品"的概率，即有可能在某个时间段，人群运动没有任何规律与模式可言。正是这种"空间组构"方式，即每个空间零件之间的整体关系，生成了特定的人群活动模式。希利尔（1996）提出"空间是机器"，或者更精确说，"在统计意义上，空间组构是机器"。

　　于是，在某种程度上，空间句法用"空间"联系了城市物质形态与功能这两个方面。在这个模型中，如图 14 所示，空间位于中央，左侧是物质形态，如建筑密度、建筑高度、街坊块形态、用地大小、街道长度、路网密度、外立面形态、入口数量等，右侧是功能，如人口密度、人车流、用地性质、犯罪活动、职业收入、大气污染、汽车尾气、行为活动等。根据空间句法 30 多年的研究与实践，可以发现物质形态与功能在一定程度上是通过空间联系起来的，也许"空间"类似于物理中的"场"，把物质形态的作用力"传递"给了人们，形成了城市功能。其中，需要特别关注的是空间与交通。在空间建模的过程中，空间组构已经暗含了形态因素，如街道长度、宽度以及角度等，它与人车流分布的相关度将会说明空间几何结构与交通的关系，这将直接联系城市形态设计与交通规划两个领域，有可能立刻发现、评估并设计有利于可持续交通的城市形态。

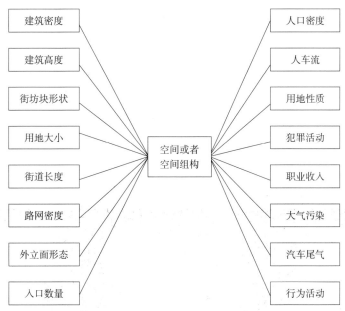

图 14 空间句法模型，联系物质形态与功能

（资料来源：作者自绘）

通过世界各地的案例研究，希利尔以及同事们发现了空间组构与人车流分布具有较高的相关度，即城市的空间结构在很大程度上决定了人车流模式。较大尺度的空间组构对应着长途的出行模式，较小尺度的空间组构对应着短途的出行模式。如1000米范围内的空间构成方式决定了某个邻里或者商业区的步行人流分布，10公里范围内的空间构成方式决定了城市层面上的车流分布。希利尔等人还发现不同尺度的人车流汇集的地区往往是某个城市中心或者闹市，因此对于某个空间而言，它在局部以及全局等不同尺度上都具有较高的整合度或者穿行度，都显示为红橙色（图15），这往往意味着该空间是城市中心；如果它仅在局部尺度上具有较高的整合度或者穿行度，那么它往往只是局部的中心，如社区中心或者街角店所在地；如果它仅在全局尺度上具有较高的整合度或者穿行度，那么它可能只是车辆繁忙的快速干道（Hillier，1996；Hillier and Iida，2005）。这提出了一种审视可持续发展的城市形态的新视角，目前这种方法也被空间认知领域的研究所证实（Lakoff and Johnson，1999），虽然空间认知的研究仍然局限在较小的尺度上，如一栋建筑物或者一小片城市地区。

基于空间组构与人车交通分布的基本关系，希利尔以及同事们也深入研究了建筑密度、建筑高度、街坊块大小等城市物质形态，以及公共空间的行为活动、用地性质、人口密度、房地产价格、犯罪活动、大气污染等社会、经济与环境因素，他们认为城市各个空间的组织构成方式非常关键，在本质上决定城市形态是否可持续发展，虽然其他很多因素也较为重要。于是，对于可持续发展的城市形态，希利尔以及同事们把空间组构（即各个空间的构成关系，或者视为"城市空间结构"）看成第一层面上的内容，称为基本层，在此之上，可以叠加各种"图层"，包括其他物质形态、社会、经济与环境等因素，分析它们之间的复杂关系，从而勾画出具体的城市形态。更通俗地讲，空间句法需要分析地理信息系统（GIS）中记录的各个元素之间的构成关系，强调构成关系的分析重于元素属性的记录与呈现，英国地理信息系统的权威迈克·巴蒂教授也认为这是地理信息系统的发展方向之一。

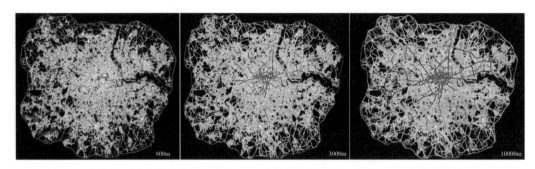

图 15　大伦敦区域空间组构图。左为 800 米范围内的图示；中为 3000 米范围内的图示；
右为 10000 米范围内的图示

（资料来源：根据 Hillier 的模型绘制）

对于紧凑、较高密度、多样化、混合用地、绿色交通等这些可持续发展的城市形态导则，空间句法给出了新的思路，可以直接用于设计过程。我们不再用"紧凑""密度""多样化"等评估或设计城市形态，而是先审视或设计"城市空间结构"或"空间组构"，看看各个局部空间是如何构成起来，如何在各种尺度上组织起来的。空间句法学派的研究与实践得出了几个有趣的结论：

第一，紧凑布局、密集路网或者高强度开发将有可能形成局部的中心，如社区中心，但未必会形成较大尺度上富有活力的中心。只有紧凑布局与更大尺度的城市空间结构良好关联，才会形成真正意义上的城市中心。因此，紧凑仅仅是一个局部意义上的形态因素，而不是影响全局的因素。较大尺度的活力中心依赖于局部紧凑布局的构成方式与更大尺度的空间组构方式之间的吻合度，成为可理解度，即人们根据局部的布局方式推断出更大尺度的布局模式的简易程度。

第二，建成密度的好坏在一定程度上依赖空间组构方式。例如，高密度的住宅小区配合上"迷宫式"的组构方式（即可理解度很低的空间结构），其结局往往是大规模的贫民窟，如很多英国 50 年的社会住宅项目，由于这种空间布局方式将小区排斥在城市路网之外，消除了自然而然的穿行人车流，制造了大量难以监督的消极空间，即使密度很高，也不利于居民交流以及依靠空间谋生，只有居民都是中高收入者，这样的空间模式才会成功；低密度的住宅小区配合可理解度很高的空间结构，只会加剧小区开发强度的压力等（Hillier，1996）。

第三，多样化与混合用地并不是把各种不同功能放在一起就成功了，良好的空间组构方式才能促成多样化的目标。通过不同尺度的空间组织，让不同尺度的出行人车流恰当地交织在同一空间中，这样的空间内才有不同功能的需求，形成真正的混合用地模式与多元化的交流活动，促进社会、经济与环境的可持续发展。例如，伦敦泰晤士河南岸曾经混合了剧院、博物馆、商店、住宅、娱乐设施等，看似混合用地，然而并未促进多样化的交流，反而是不同的人群在不同的时间段、不同的空间内使用各自的设施，一切都"静悄悄"，犯罪活动自然也较多，人们不是为了特别使用某个设施，也不会穿行那片地区，这就是空间组织方式不支持混合使用；经过改造空间组织方式，让各个局部空间彼此整合起来，使得不同出行范围的人群在同一空间内交织，这片地区目前变得活力四射（Hillier，1996）。

第四，对于绿色交通的考虑，空间句法把城市空间（无论在地下、地面，还是在地上）看成网络，它的组构方式与人车流的互动关系将是分析城市形态的出发点，将交通情况与城市空间形态直接联系起来，即改变任何局部空间形态，将改变整个城市空间网络的构成方式，也就改变了人车流的分布情况，虽然变化或大或小。于是，我们可以发现任意特定空间段的承载量或可达性完全取决于空间网络的组构方式。当我们解决某个地段的交通情况时，也许可以改变其他地段的空间构成方式，也就改变了整个空间网络的组构情况，例如，对某个旧城中心而言，由于需要保护文物，不能改变旧城中心的路网，但是该中心又有严重的交通问题以及伴随而来的社会经济问题，那么就可以改变该中心外围的路网结构，如果把内外路网看成一个整体结构，此时该中心内部的路网组织构成方式由于外围路网的变化而得以改变，从而也改变了整个城市以及旧城中心的人车流分布，解决交通问题以及与之相关的社会经济问题。按照这种逻辑思考，某个街道能成为热闹的商业街，或能成为快速干道，或能成为宁静的小巷，或能成为聚集犯罪行为的死角，或能成为堵车严重的道路，这都与该街道与其他街道的组织构成方式相关，而不仅仅取决于该街道本身的品质。空间句法总结了空间组构的两种力量：一是极大化人车流的聚集，推动微观经济的发展；二是控制人车流的聚集，维持某种当地文化。任何城市形态都包含这两种力量，它们的比例与互动在一定程度上决定了城市的交通是否能达到社会、经济与环境的可持续发展。

第 2 章　空间句法的反思

　　本章并不是介绍空间句法的基本理论和方法，而是对空间句法的发展方向和实践路径进行批判式的思辨，以此为后续篇章的实践案例提供理念上的支撑。本书认为空间句法不仅是对空间形态及其功能的分析，而且是基于现状分析提出关于空间结构的新想法，成为规划设计过程的有机组成部分。

2.1　空间句法的基石

　　空间句法理论和方法由比尔·希利尔教授于 1960 年末至 1970 年初创立，其发展与广义的数字化城市规划设计的发展是同步的，也可以说是其中的一个学派。空间句法最初的研究问题包括：社会经济模式如何通过空间布局方式来实现？空间模式又如何通过社会经济运作方式来建构？以及局部的行为方式如何自下而上地相互协同，从而涌现出更为整体的空间模式？整体的空间结构又如何自上而下地限制局部的行为演进（Hillier & Hanson, 1984）？这些研究问题源于 20 世纪中叶欧美社会住宅建设的失败，即不少面向低收入的社会住宅虽然具有良好的建筑外观和室内配套设施，然而依旧形成了社会行为不良的社区，并未实现那些良好外观的建筑改造社会的理想愿望。这种失败伴随后现代主义建筑的兴起，使得形式与功能的问题转化为形式与意义的辨析。形式追随功能，或者功能追随形式，都成为被抨击的观点。

　　不过，20 世纪 60 年代城市规划与设计试图寻找一条数理化的科学道路，虽然那个时代的模型相对比较粗糙；与之同时，希利尔教授当时在剑桥大学学习，剑桥学派的传统体现在理性地研究城市现象，定量地解决实际问题。因此，早期空间句法关注几个实际的热点问题：那些规划设计"良好"的社会住宅区到底出现了哪些不良社会经济问题？是否与物质形态无关，或者有关？那些真正良好的住区（以及传统城镇中心）到底与"不良"社会住宅区有什么不同（Hillier & Hanson, 1984）？比尔·希利尔教授认为空间才是形式与功能之间的媒介。更为准确地说，他认为空间的组织方式才是形式与功能之间的联系枢纽点（Hiller, 1996）。因此，空间句法研究的三个经典主题是：（1）物质空间形态本身；（2）物质空间形态的认知；（3）物质空间形态与社会经济的互动。

2.1.1　"抽象"的城市空间结构来自"具象"的真实世界?

基于此,希利尔教授当时就提出两个更大的研究课题。[①] 第一,"抽象"的城市形态结构到底是如何"自下而上"地形成的? 这种自组织的生长过程源于何种空间和认知机制? 例如,他将带有前院的房子看成一个标准个体,采用计算机模拟城市是如何生长的(Hillier & Hanson,1984)。这种思路摒弃了自上而下的物质形态规划中固定的蓝图,或者说不变的结构,而去探索城市形态现实如何由众多个体自发地建造而成。这与当今各种探讨个体(Agent)的学派思路是完全一致的,虽然其他研究关注虚拟个体人(Virtual Agent),或现实中的个人或者单位等。不过,希利尔教授并未沿这个方向走下去,而转向实证地分析每个真实的城市,先解决真实城市如何运作的问题,同时提出了城市形态结构并不是源于人脑结构,或者某个上帝之手,而是来自真实世界,它遵循人们认知过程:真实 1——认知——真实 2,因此结构即真实(Hillier & Hanson,1984;Hillier,1996)。

基于大量的实证分析,当时他提出了空间"非对称"(Asymmetry)的概念。简单而言,在图 16 左中,a 和 b 是相互对称;而加入 c 后(如图 16 右所示),a 和 b 变得不对称了,因为 b 与 c 直接相连,而 a 需要通过 b 才能到达 c。这种"非对称"的概念说明了简单道理:对于每个空间,其属性取决于它与其他空间的关系,而不是它本身;从不同的位置看待同一个空间或者布局,其结论是不一样的。因此,虽然"自下而上"的空间生长过程看似无序且混乱,然而所有个体空间与系统中其他空间的局部"非对称"关系制约了所有个体空间的构成与演变,从而某种整体性的"空间模式"(Spatial Pattern)将会自发地显示出来,这种模式是所有个体空间作为一个整体网络才具有的属性,而不体现在个体空间的层面上,称为涌现(Emergence)。这是空间句法理论的基本出发点,也是近期"网络理论"(Network Theory)讨论的热点之一。在实践层面上,这种"非对称"关系可以用不同变量来描述,例如拓扑关系、角度变化、实际距离、密度分布等。

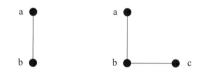

图 16　左为对称布局;右为非对称布局

2.1.2　物质空间是"抽象"的社会经济文化活动的一部分？

城市物质形态是否具有抽象的社会属性，以及社会经济活动又是如何投射到物质形态上？空间句法理论认为："空间"是物质形态和社会经济活动相互作用的媒介物：社会经济活动不仅具有空间性，即社会经济活动的展开依赖其空间上的分布，而且它们的空间组织形式受制于空间自身的规律（Hillier & Hanson，1984；Hillier，1996）。在实践中，前者体现在宏观和中观层次上的城市或者地理规划，研究人类活动的空间属性；后者表现为中微观层面上的具体设计活动，研究空间本体的构成规则。[①] 在理论上，空间不再被想象为人们活动的静态背景，而是人们活动的有机组成部分，即人们的活动（包括虚拟的言语活动）就是对空间的占有、使用、交易、扩展等。

空间布局的建构过程体现了抽象的社会经济概念如何变成具体物质化的活动，其中个体人或集体组织会无意识（或有意识）地采用各种空间布局展开（或限制）各种具体社会经济活动。如图16b中，人们知道占据或设计空间 b，而控制或管理 a 和 c 空间之间的交流活动，如接待室或者门卫职位的设立。又例如，对于同一个楼盘，可能开发商更关注内部空间利益最大化，公共政府部门更关心其出口、密度等对外部路网的影响，楼盘的住户更关注内部设施，而周边居民更关心楼盘对自家的影响，各方都会从自身的"空间位置"解读同一个空间布局。上述这些空间上的局部非对称暗合了局部社会运作的逻辑。

当城市被看成一个整体时，不同尺度的空间构成和行为活动（如长途出行和短途出行交通）的交织与互动才会形成"活力中心"，即经常被使用的空间；这些中心将会构成城市的"骨架结构"，并随体验（或研究）城市的尺度的变化而变化。虽然看似复杂，然而人们会"集体"感知到这些涌现的空间模式，命名为城市中心或者主要干道网等，同时又会使用、改造、选择甚至复制这些空间模式，于是这些空间模式自然地成了各种社会经济活动一部分，也容纳了这些丰富的社会经济活动。

因此，城市的空间模式是一种集体性概念，也是动态的，类似于社会这个概念。例如，我们可以指认一个苹果，它看得见，摸得着，而我们无法指出社会是个什么具象的东西，不过又能感觉它的存在和变化，因为社会是我们集体感知的抽象概念。空间模式正是在构成社会的各种活动之中涌现出来的，它们源于个体人的具体活动，然而又不能仅由一个人的单独活动而产生；同时，个体人的活动又能影响空间模式的变化。因此，城市空间模式（或者城市空间结构）是物质形态，又是具体活动，还是抽

---

① 具体讨论，详见：杨滔 . 说文解字：空间句法 [J]. 北京规划建设，2008，8.

象概念。它自下而上地涌现，依赖于各个局部街道或者地区的建设，以及局部活动的展开，而局部空间和活动彼此影响。因此，局部的变化将有可能导致整体空间模式的变化，甚至突变（一旦超过某个极限）。然而，"暂时"涌现的空间模式又相对稳定，否则人们也将无法识别，从而影响人们局部的具体活动，如识路、购物、工作等，城市本身也将会变得很不稳定。因此，人们在城市规划过程中往往关注空间模式（结构），尽管它们在不同的尺度上有不同的表现形式。

城市空间形态本身就蕴含了人们如何使用城市的"非物质化"逻辑，那么城市空间形态涌现的法则是什么？又如何数学化那些城市空间形态？在过去的研究和应用中，希利尔教授发现城镇空间生长遵循一个原则：当已有的城镇增加一条街道时，如果能不打断较长的街道，就尽量不打断较长的街道；而是尽量延长较长的街道，打断较短的街道（Hillier & Hanson，1984；Hillier，1996）。这基于一种空间发展悖论：城镇空间形态一方面需要保持视觉上较高的认知度，即每条街道到其他街道的视觉认知距离尽量短，所谓一眼望穿；另一方面需要让每条街道到其他街道的实际距离尽可能短，这样出行不会很耗费能量。对于前者，不会迷路的最佳形态是一条直线；对于后者，最节能的形态是一个圆。城市空间形态就是在直线和圆之间摆动，最后涌现出来（Hillier，1996）。于是，城镇中将会形成少量的较长街道和大量的较短街道；并具有分形的特征（Hillier，2003）。

之后，我们研究城镇街道是如何逐步地相互连接，从最初两条彼此相交的街道，最后演变为整个城市的空间网络（Yang & Hillier，2007）？我们发现大部分城市街道的生长过程可以用幂律函数来描述：考虑视觉的拓扑关系，平均幂指数为 3.0 左右，即在视觉认知上，空间形态是三维左右，超越了二维限制；考虑出行的实际距离，平均幂指数大概为 1.8，即在实际距离上，空间形态是低于二维，并不是一个完全二维的平面。然而，幂律函数只是一个粗略的近似描述。

最近，基于世界多个城市的分析，我们进一步研究城镇街道的生长过程，发现几乎所有的个体街道都可以用韦伯函数来描述（Yang & Hillier，2012）：

$$NC_{\_RK} = NC_{\_Rn} \times [1 - e^{-\left(\frac{RK}{a}\right)^b}] \tag{1}$$

其中，RK 指半径 K；$NC_{\_RK}$ 指在半径 K 范围内，个体街道遇到的其他街道数量；$NC_{\_Rn}$ 指城镇最终的街道总量；a 和 b 都是参数。

我们发现参数 a 控制了每条街道到其他所有街道的平均距离，这是由涌现的最终空间形态确定的；而参数 b 控制了每条街道连接到其他相邻街道的平均速率，这主要是由即时的局部空间关系决定的。前者体现了涌现的整体空间形态将会自上而下地限制每条街道的生长；而后者反映了局部空间关系会自下而上地影响街道的生长。因此，城市空间形态的涌现过程包含自下而上以及自上而下的两方面，它们彼此制约，并相互影响。

2.1.3 "抽象"空间模式的数字化表达

那么，如何数字化地表达那些涌现的空间模式？早期的空间句法技术重点在于分析空间之间的拓扑关系，其中每个空间由一条轴线[①]表示。根据其拓扑距离给每个空间着色，红色代表拓扑距离最近，蓝色代表距离最远。可以发现世界上绝大多数城镇的空间模式呈"变形的风车形态"（图 17），即红色以及橙色的线大概呈风车形分布，中心某些空间是暖色，然后向周边辐射，并有可能在边缘出现（Hillier，1996）。这种"变形的风车形态"的涌现基于每个空间与其他所有空间的几何拓扑关系[②]；当个体空间的位置、形状、大小等发生变化时，涌现的风车形态也会发生变化。在这种意义上，它说明了整体性的结构源于局部空间的变化，这是自下而上的过程。因此，在实践中，我们可以在数字模型中改变局部空间的形状、大小、位置等，预测这种局部变动对于整体空间模式有何种影响。

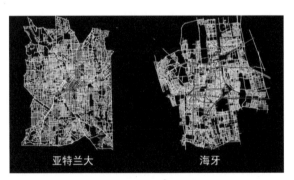

亚特兰大　　　　海牙

图 17　轴线模型，亚特兰大和海牙拓扑距离分析

（资料来源：Hillier）

随后，空间句法发展了更为精细的"线段模型"，将两两道路交叉口之间街道段看成基本单位[③]，分析街道段之间的关系，包括角度变化、转弯次数、实际距离、交叉口数目等；主要分析两个变量，整合度（即从一个空间距离其他所有空间有多近），以及

[①] 这种空间用轴线表示，即对于空间中的任意一点向两侧延长，其中必然有一个最长的连续不断的线，这可以带一个局部线形空间。详细定义，见 Hillier & Hanson，1984。

[②] 因为将每个具体空间抽象为一条轴线时，已经考虑了每个空间的几何形状这个因素。

[③] 如果计算机足够快，也可以将每个空间点看成一个基本单位，分析每个点之间的关系。分析也就是在精度和速度上寻找一个平衡点。

穿行度（即一个空间被路径最短的空间路线穿过的概率）。例如，图 18 显示了曼彻斯特和维也纳的角度穿行度分析图，其中红色和橙色代表最有可能被穿行的空间，基于所有街道之间的几何角度变化，这两个城市的"空间骨架"涌现出来了；图 19 显示了欧洲大部分区域的穿行度分析，仍然是基于所有街道之间的几何角度变化，欧洲的主要空间骨架也"自下而上"地涌现出来了。如果计算机速度足够快，空间句法也可以分析每个空间点之间的关系。图 20 显示了曼哈顿的空间骨架，这是基于每个空间点之间的分析。

图 18　线段模型，曼彻斯特（左）和维也纳（右）的角度穿行度分析图

图 19　线段模型，欧洲大部分地区角度　　　图 20　点阵模型，曼哈顿视线分析图
　　　　穿行度分析图

此外，空间句法提出了比较不同规模的"线段模型"的方法（Hillier，Yang & Turner，2012）。整合度（Integration）其实是广义网络研究中的接近度（Closeness）的倒数，而穿行度（Choice）是广义网络研究中的中介度（Betweenness）。作者提出网络效率（Efficiency）的概念，即中介度与接近度的比值。[①] 接近度可理解为某个人从其他空间到达某个特定空间所跨越的距离（拓扑、角度或者实际距离等），这需要消能耗量，即成本；而中介度可以解释为占据某个特定空间的人被其他空间的人们拜访的概率，占据那个空间的人不需要出行，而能见到其他空间的人，这是能量的节省或者收益；那么中介度比上接近度可以解释为收益与成本的比值，即效率：

$$E = \frac{B}{C} \tag{2}$$

其中，E 代表网络效率；C 代表接近度；而 B 代表中介度。

例如，我们可以比较角度中介度与实际距离接近度的效率值，用于比较不同规模的系统。我们研究了世界各地 50 个城市，从真实案例上证明网络效率的有效性，不仅可以用于比较不同城镇，也可以用于比较同一个城镇中不同的区域以及不同尺度下的个体街道[②]（Ibid，2012）。

图 21 显示了北京、伦敦、阿姆斯特丹、芝加哥、丹佛和圣保罗的空间网络效率分析，红色、橙色以及黄色构成了效率高的空间，它们构成了主要空间骨架，即希利尔教授定义的前景网络（Foreground Network），对应于活跃热闹的空间和用地；而绿色和蓝色构成了背景网络（Background Network），主要对应住宅区等较为安静的地区。前景网络和背景网络自下而上地涌现，构成了城镇的结构。在 50 个城市研究中，巴塞罗那具有最高效的前景和背景网络，而威尼斯则具有最低效的前景和背景网络。从对比研究中，我们认为空间结构的涌现在于所有城镇都试图同时获得高效的前景以及背景网络，而这两方面是相互消长的（Ibid，2012）。

此外，我们还可以从不同的尺度看待同一个空间系统，空间模式是不一样的，这体现了空间结构的动态变化和不确定性。图 22 显示了伦敦在 2 公里、5 公里和 10 公里尺度下不同的空间效率分析，红色、橙色以及黄色仍然代表效率高的空间。在实际应用中，我们可以定量地比较区域级、城市级和社区级的空间结构。

---

① 对于拓扑网络或者实际距离的网络，接近度（Closeness）的总值与中介度（Betweenness）的总值之差为网络中最短路径的总和。不严格地说，网络接近度的总和约等于网络中介度的总和；对于任何一个拓扑网络或者实际距离网络，网络效率均值是有极限的。

② 具体应用性数学论述详见（Hillier，Yang & Turner，2012）的附录。

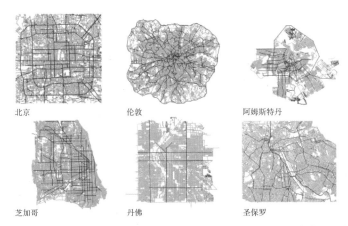

图 21　轴线模型，北京、伦敦、阿姆斯特丹、芝加哥、丹佛和圣保罗的空间网络效率分析图

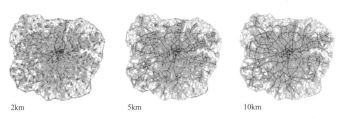

图 22　轴线模型，伦敦 2 公里、5 公里和 10 公里尺度下不同的空间效率分析图

2.1.4　物质空间网络的社会经济内涵

在过往的研究和实践之中，空间句法基于数理逻辑，以实证案例和数据的方式，揭示了物质空间形态影响着人们的空间认知，以此与社会经济活动有一定的关联性。例如，在很多案例之中，空间句法的研究都发现了机动车交通分布模式与街道空间的组织模式具有较高的相关性，其相关指数（R2）超过 60%，而步行交通与空间组织模式也有一定相关程度（表 1）。与之同时，空间句法的研究也表明了，诸如文化等非空间的要素也影响着人们的认知过程以及社会经济活动，因此在解释形式与功能互动之中，识别出空间要素的失效原因也尤为重要。

上海四川北路案例中不同尺度的空间效率（如 NACH_500）与交通出行之间的相关度分析　表 1

NACH_500	男士	女士	行人	NACH_n	机动车	非机动车	NACH_5000	机动车	非机动车
工作日	0.423	0.669	0.5549	工作日	0.717	0.336	工作日	0.734	0.386
周末	0.400	0.626	0.5547	周末	0.641	0.488	周末	0.632	0.541

此外，特殊类型的空间系统也会对该系统中的社会经济模式有一定的影响。例如，在北京公交的研究中，北京公交线路网本身的空间结构与断面公交流量有较高的相关

度（0.611），即公交线路构成的系统的拓扑结构对于公交流量的空间分配有影响；然而北京街道网的空间结构与断面公交流量没有相关性，这说明了公交线路在北京城市空间中的分配并不受到北京街道网的影响，而是受制于公交线路系统本身这种人为的空间系统（图 23）。进一步研究表明，公交线路系统的实际距离对于断面交通流量几乎没有影响，证实了在长距离出行中，系统的拓扑结构对于交通流量影响更为主要。

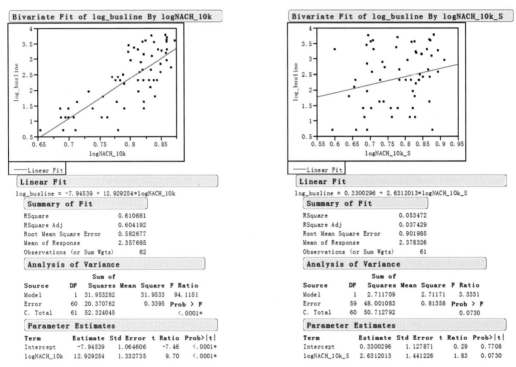

图 23　北京公交线路网络本身与断面公交流量相关度较高（0.611）（左）；北京街道网络结构与断面公交流量无相关性（右）

　　不过，空间句法却暗藏了一个逻辑，即如果由空间布局所驱动的社会经济活动是自然而然发生的，就有利于节省人们交流互动的非空间成本，有利于推动创新和创意，或有利于保持街道安全等。例如，自然出行理论特指空间布局形态所引发的出行模式；虚拟社区特指自然而然的共同在场模式，其成因来自空间设计对于出行方式的影响以及与之相关的其他方面。在这种意义上，空间句法更为强调物质空间结构对人们行为的基本影响，而将吸引点对人们行为的影响放到了天平的另外一侧。那么，空间句法在方法论上更加强调网络本身的作用力，而在一定程度上忽视了网络节点本身的吸引作用或规模效应，甚至强调网络中节点本身的吸引能力或规模效应也受制于该节点在网络之中的位置。

在 20 世纪 70 年代后期,空间句法的这种思维方式对基于引力模型的社会物理研究也有深刻地影响,因为引力模型的出发点是强调吸引点本身的规模效应。例如,克里斯托弗·亚历山大(Christopher Alexander)后期的著作《自然的秩序》以及麦克·巴蒂后期的著作《城市的新科学》对空间句法早期的研究案例都有详细的评论,并加以借鉴,强调了空间连接或"流动"的重要性。因此,空间句法的基本理念还是强调:空间布局或空间序列的模式对于区位、行为、社会经济等方面的决定性影响。21 世纪初网络科学和"流"理论的流行,在一定程度上推动了空间句法理念的传播。

正是由于空间句法揭示了物质空间布局能够对人们的行为有所影响,并加以定量的计算,空间句法的理论和方法才被应用到规划与设计的实践之中。通过大量的实证案例研究,空间句法从网络的角度再一次建立起了形态与功能之间的确切联系,并明确特定尺度的形态网络对应于特定尺度的功能网络,这体现为形态与功能网络之间的尺度复合关系(图 24)。

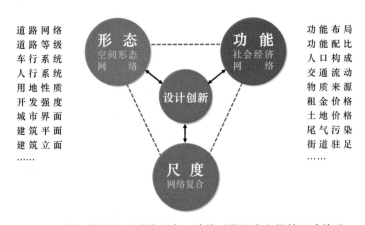

图 24 从网络的角度看待形态、功能以及尺度之间的互动关系

于是,建筑师在设计形态的同时能够知晓其对于相对应尺度上行为活动的影响,这有明显的实用价值。在很大程度上,这也是福斯特事务所长期使用空间句法的主要原因。而在西方城市规划领域中,由于能源危机和低密度城市蔓延(Urban Sprawl)问题的恶化,设计(design)的必要性得以重新认识,特别是设计对于城市品质和土地价值的提升作用得以再次证实。21 世纪初不少欧美国家都出现了设计回归规划的现象。例如,2012 年英国颁布的《国家规划政策框架》(National Planning Policy Framework)的第 7 章就是"需要好的设计",特别提出了物质空间形态对于城市规划政策管理的重要作用(DCLG,2012)。这也是空间句法从 20 世纪 70 年代的偏门研究逐步走向主流设计的重要原因之一。

然而，空间句法在其40多年的研究与应用中也暴露了不少问题，值得我们反思。这些问题从根本上来说属于形式与功能的老问题，一直都值得深入探讨。其中重点的问题包括：物质空间形态如何客观地表达和度量？空间形态本身是否是主观认知的一部分？非空间的因素是否对行为活动具有更大的影响力？这些又如何体现空间的价值？随着大数据、人工智能、物联网等新兴技术的发展，这些问题是否得以解决？抑或催生出更多的问题？本书后续篇章将选取重点进行阐述。

2.2 空间的再定义

2.2.1 物质空间形态的表达

空间句法最基本的出发点是对物质空间形态的抽象表达。这既是方法论的问题，也是理论性的问题。在理论上，空间句法开创性地将建成空间、而非建成实体视为自在主体，并认为其生成、演变、消失等具有自身的规律，符合人们的行为方式。在一定意义上，这可视为建成空间与行为方式的一体化（Hillier，2009）。例如，直线空间对应于直线行走；凸空间对应于聚会聊天。在方法论上，空间句法根据不同的需求，将建成空间抽象为点、线、面。点对应于圆点、像素点、方格等；线对应于轴线、线段、自然街道、道路中心线等，而最为基本的是轴线，即通过空间中某个点的最长的线；面对应于方块、凸空间、视域范围等。对于空间系统而言，它是由不少的点线面的要素构成，那么这些要素简化为节点，按要素相邻或相通关系，采用连接线的方式彼此相互联系起来，构成了最终的抽象表达。

从空间句法发展之初，上述这些空间的表达都存在各种争议，也正是伴随这些争议，技术才得以提升和改进。其中最为核心的争议是这些空间表达是否客观？例如，针对不同人绘制轴线图完全有可能不一样，不少学者曾经批判过轴线图过于主观；且同一个广场或公共空间的轴线表达方式完全有可能不一样，对整体空间系统的分析将会产生完全不一样的效果（Ratti，2004）。特纳（Turner）曾基于系统中每条轴线最长且轴线数量最少的原则，提出了新的算法，证明轴线图可以被客观地绘制出来（Turner & Hillier，2005）。然而，这个过程是费时的，在实践之中主观地绘制轴线图还是节约时间成本的方式，或者采用道路中心线的优化方式近似地绘制轴线。

对于两两交点之间的线段来说，最为争议的是线段本身的形态意义在何处。希利尔教授认为轴线本身才有真正的形态学意义，线段只是权宜之计，这是由于轴线与人的行为相关，代表了人在局部所能看到或"感知"到的最远空间，也代表了局部的运动趋势。那么，根据角度变化"整合"相邻的线段成为一种思路。例如，菲格雷多将诸如 15°角以内的相邻线段都看成一根连续的线（Figueiredo，2005），以及基亚拉迪亚将连续弯曲的多条线段也视为一条线（Cooper & Chiaradia，2016）。可以将相邻线段合并的角度阈值与人在空间中的感知和认知密切相关。道尔顿教授曾就室内空间进行了实证研究，并借助了虚拟现实的方法进行了拓展性研究，15°角被认为是一个可接受的阈值，然而这又缺少脑神经学方面的严格支撑（Dalton，2005）。

　　此外，这些要素本身及其相互连接是否需要考虑其他权重，如建筑物高度、街道长度、建筑物退线等物质形态因素，或建筑功能、道路等级、交通流量等功能因素（图 25）。或者，这些物质形态因素需要以某种方式整合入空间表达方式之中，例如三维的空间句法模型（Schroder，2006）。希利尔教授曾经设想过城市空间分层模型，即不同的物质形态要素，如形状、密度、面积、边界、高度等以不同层的方式在统一的空间模型之中得以表达（Hillier，1996）。然而，其中的限制因素是各种物质形态要素之间的联系并不是那么清晰，这阻碍了统一空间模型的建立。

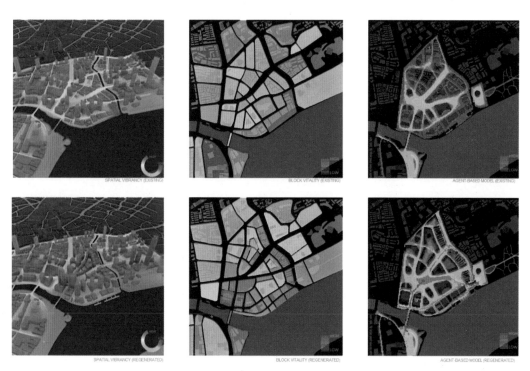

图 25　上海北路空间效率、地块大小以及人流分布等

（上面三张是现状情况，下面三张是预测情况）

　　那么，值得我们反思的仍然是物质空间形态怎样更为客观地分割和表达。这看似取决于两个方面的快速发展。一是超算能力的普及化和经济化，建成空间以点的方式

加以表达，根据其视域范围及其序列的变化（含三维或时间维度），并反复迭代出新的抽象表达方式，乃至超越网络的表达方式，或者更为有效地证实或证伪轴线生成的客观性；二是空间认知科学的突破，发掘出人们识路或空间辨识等行为中所依赖的主要空间要素，如空间的拐点或延长线等。

2.2.2　空间网络的度量

空间句法对于空间形态的度量是从网络角度出发的，借用了图论的各种计算方法，包括最常见的接近度（Closeness）和中介度（Betweenness）。正如前文所述，前者计算每个空间要素到达其他所有空间要素的距离，其倒数不严格地称之为整合度（Integration）；而后者计算穿过每个空间要素的最短路径的频率或次数，称之为选择度（Hillier，Yang，Turner，2012）。同时，空间句法还运用了半径的概念，选择计算每个空间要素周边特定半径之内的子系统，反过来将数值赋予那个空间要素，从而获得了空间网络在特定半径下的局部特征。因此，空间句法可以独立不同尺度下的空间网络特征。虽然特定尺度下的整合度或选择度与人车交通流量的分布有较好的相关性，然而最短路径是否度量空间网络特征的最好方式一直也是辩论的主要焦点。

这包括两方面的内容：一是除了拓扑、角度、米制实际距离的最短路径，是否还有其他最短路径的度量方法？二是还有哪些其他非最短路径的变量可用于空间网络的描述。在空间句法发展的历史中，最早出现的最短路径是拓扑距离。虽然从最开始起对于空间句法的各种批驳就源于这个拓扑距离的概念，这是由于实际生活之中不可能忽视米制实际距离（Ratti，2004），然而拓扑距离的度量方式一直能在实证案例中找到其应用的场景，特别是度量较远距离的出行。在很大程度上，这说明了空间网络的拓扑特征除了其数学意义之外，还有其行为模式的意义，即较远距离的出行考虑到了空间网络的拓扑构成。不过，正是由于对拓扑距离的反复批判，角度距离和米制实际距离逐步引入到空间句法的计算之中，从而开启了线段模型的时代，可以实现更为精准的模型预测（Turner，2009）。角度用于到线段相交的权重之中，使得线段模型可以更好地发掘城市中的主干路网结构；而米制实际距离则有助于发现城市中空间分区的现象，或者空间的聚集效应。当然，在实践运用之中，可以将这三种最短路径混合起来使用，解决不同的规划设计问题。然而，根据视域面积、时间、价格、能源等因素度量最短路径，也可应用到特定的场景分析之中。例如，在路网和铁路网混合分析时，时间或价格因素就可进入最短路径的识别之中。

除了最短路径之外，空间句法还曾分析过熵（Entropy）和特征值（eigenvalue）等，只是还未发现其明显的形态学意义，除了某些非明确证实的推断（Turner，2004）。例如，不严格地来看，熵似乎揭示了空间序列的差异，特征值体现了空间连接方式的不同，这两个变量都有可能揭示了空间分区或聚集的现象。结合随机网络和小世界网络等特征，引入时间的变量，发掘空间网络的演变特征，这也是今后的一个探索方向。与之同时，空间句法在轴线分析的时代，广泛地采用局部特征与整体特征的相关性分析，如可理解性（intelligibility）和协同性（synergy）。这两个变量都是度量从局部的空间连接关系之中推断出整体空间结构的难易程度，广泛用于城市或建筑内部识路的研究（Hillier，Hanson，Peponis，1987）。在线段模型和视域分析模型之中，这种类似的计算还未得以深入的研究，不过这种局部与整体的相互联系的思维值得进一步探索。

此外，基于空间点，引入智能体（agent），根据个人或机构的视觉需求和偏好，根据时间的演进，识别出有特点的路径或者扩散模式，这也是区别于最短路径的一种方式。当然，在一定程度上，这混淆了空间形态本身与行为模式之间的差别（Turner，2004）。不过，基于空间点的智能体与基于空间形态的视觉序列在模型计算上可以进行一定的迭代，建立起局部感知者（或建设者）与空间形态之间的互动关系，或者局部与整体之间的联动关系，这也是探索新的空间形态构成的一种方式。这是由于空间形态在一定程度上是根据建设者而实时发生变化的，将会引入空间形态主观性的思辨。从而建立起实时感知与预测的空间句法新理论和新模型，这将是空间句法未来研究的主要突破口之一。

2.3 空间的非空间性

2.3.1 空间形态的主观意识

空间句法除了研究建成空间形态内在的几何规律之外，还深入地探讨了空间形态的感知与认知。其理论性问题是如何解决空间认知的不可言表性。换言之，虽然空间形态可以用图形很方便地表达出来，然而难以运用语言描述对它们的感知与认知（Hillier，1996）。例如，我们也许可用方格网描述北京和曼哈顿的空间形态，然而较难用简洁的语言描述它们之间可分辨的特征；又如，在指路的时候，我们可以说向东走 200 米，然后再往北走 50 米，再往东走 100 米等等，然而较难说更多复杂的转弯，往往就会说到了某处再问其他人，否则问路者也往往会不知所云（杨滔，2008）。这其实涉及两个方面的主观意识：一是对空间形态的分类；二是对空间形态的体验性描述。

希利尔教授创造性的思维在于明确了真实的空间形态是人们对空间形态进行抽象分类和体验性描述的一部分，即抽象的空间结构或概念缘于真实空间场景（Hillier et al，2010）。在他看来，真实的空间与虚拟的空间概念相互补充和互动，共同建构起空间感知和认知的过程。与之同时，空间句法还加以区别个体对空间的感知以及集体对空间的认知。前者只是个体根据对真实空间的局部感受，逐步汇集在一起，形成了某种空间体验；而后者则是众多个体在不同地点和不同时间内对整体空间形态进行了体验，通过交流协同机制共同形成了对整体空间形态的抽象认知，并构成了各种分类，如方格网、放射状、自由形等（Hillier，2003）。个体感知与集体认知是相互影响的，依托真实空间形态的存在，使得空间形态的分类和体验能得以传承下去，并使得人们能够就此进行交流。他提出了描述性回溯的概念，即人们对空间认知的描述是不断地从空间现实之中抽象出来的，具象与抽象是相辅相成的。在希利尔的理论影响下，道尔顿和佩恩（Penn）通过虚拟现实的方式探索了人们在不同空间布局下的识路行为模式，分析迷宫和正常城市对人们出行的影响等，提出了再现或化身（Embodiment）的概念，即人们日常的生活体验在空间形态的概念性图示之中加以体现（Dalton & Christoph，2007）。这些概念性图示可以是轴线、视域范围以及空间整合度的分布图示等。因此，空间句法理论认为空间不是人们活动的背景，而是人们活动的内在部分（杨滔，2016）。

然而，不少争论认为空间句法对于空间感知和认知的研究更偏向于抽象，而非挖掘其内在丰富的现象与经验。虽然空间句法从理论上认可抽象的空间结构来自真实的空间体验，然而这种描述性回溯并未在实证案例中加以翔实的论证，仅仅存在于思想实验或简单实验之中。希利尔教授曾提出空间句法是桥接现象学和社会物理学的纽带（Hillier，2009），不过针对个体体验的现象学研究，仍然是空间句法所缺乏的，其大部分案例型研究还是偏向集体性的统计分析。因此，在个体数据日益丰富的今天，借助于个体传感器去跟踪个体对空间形态的认知和感知，揭示个体与集体、虚拟概念与真实世界、客观空间构成与主观空间认知的联动路径，将会是空间句法的新挑战之一。在本质上，这也是通过数字化的世界，去桥接并联动实体物质世界和个体感知或体验（图26）。此外，个体在虚拟空间的行为模式又如何影响实体物质世界的运作，并体现为虚拟社会的集体行为，这些都将是新兴的研究课题。

2.3.2　非空间因素的作用

空间句法在面对物质空间与社会经济互动的机制探索之中，最常见的问题是：既然社会经济现象有很多非空间的因素起到决定性的作用，为什么空间句法要将物质空间放到如此重要的位置上？在一定程度上，这是回归到了形式与功能的问题，即良好的建成环境并不一定能带来良好的社区功能。早期的空间句法其实一直致力于区别空间要素与非空间要素，以此试图说明个人聚集成为社会的空间和非空间的动力（Hillier，

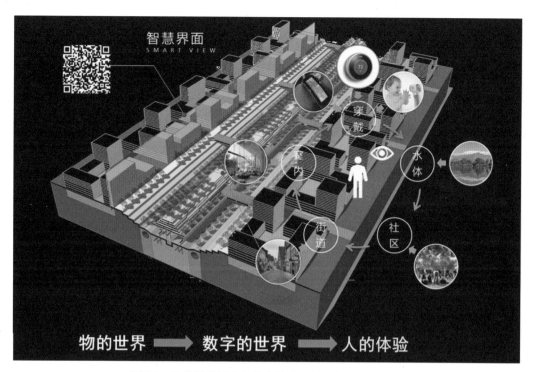

图 26　从物的世界走向数字的世界并回归到人的体验

1983)。从理论上而言，建成空间类似于其他非空间要素，如语言、文字、火把、徽章、制服、电话、互联网等，都属于人工产物，用于人们彼此的沟通，最终形成社会。因此，希利尔教授早期的著作被命名为《空间的社会逻辑》，认为空间本身的存在具有其社会逻辑意义（Hillier & Hanson，1984）。

　　在空间句法看来，空间的本质体现为人们的占据和运动，于是才会促成人们的彼此偶遇、共同在场以及交谈互动等（Hillier，1996）。因此，人们会利用空间的连接与隔断等方式完成其社会性的活动。某些活动是严格控制了人们行走和活动的先后顺序，如教堂中的祷告仪式和法院的诉讼，那么其空间序列是彼此明确界定的，规范了行为的方式；而某些活动则只是聚集人气，如街道漫步或节日聚会，那么其空间序列是模糊的，可自由组合。不管怎样，这些空间组合方式都是为了配合社会活动的展开。此外，非空间的分类标签，如俱乐部、学校、建筑师、小孩等称呼，都将人们加以分类，那么诸如广场和街道这些空间才提供了一种使得各类人群聚集在一起或偶遇的可能性。在这种意义上，空间句法认为空间因素是社会之所以成为社会的一个重要因素，即只要社会存在，那么空间也将会存在。

　　然而，正如空间句法的研究表明，诸如语言、火把或互联网等非空间因素的作用还在于跨越空间，实现人们之间的彼此沟通，也是形成社会的重要因素（杨滔，

2008)。那么，随着互联网、物联网等通信设施的不断发达以及人工智能技术的完善，是否人们不再依靠空间实现彼此的交流和交易？换言之，人们在未来是否不再需要面对面的交流？也就是在空间上的聚集逐步消失？虽然历史上电话和互联网的出现曾带来了种种关于分散生活或城市消失的预言，然而这一直并未实现，反而出现了更为集中的城镇群现象（杨滔，2010）。不过，这并不能说明空间句法的研究不用关注非空间的要素，反而空间句法的研究需要去解释空间因素不消失的内在原因。

在过去的研究之中，由于很多社会经济环境等数据难以获取，空间句法只是重点分析了诸如日常行为活动、人车流、用地或房间功能、汽车尾气污染、犯罪活动、房屋价格等要素。例如，将空间形态网络在不同时间和尺度的发展变化视为空间足迹，分辨具有空间潜力的节点与联系；从功能业态以及开发强度等所代表的功能活力，判断与空间区位相对应的空间价值；从公共空间或自然景观的场所界面中落实空间营造的具体事项（图27）。然而，空间句法的研究并未全面探索不同类型的社会经济活动与空间之间的关系。

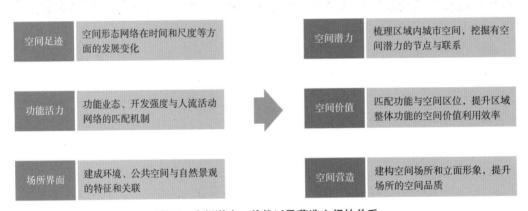

图27　空间潜力、价值以及营造之间的关系

此外，空间句法并未完全揭示非空间因素之间的功能关系及其与空间的关系。换言之，社会经济等相关学科之中运用相似的图论方法揭示社会经济网络的规律，这些方法并未与空间句法的研究方法有密切的对接。目前各种反映社会经济活动的大数据逐步普遍化，特别是那些数据的空间定位更为精准，这些社会经济活动的空间规律将会更容易获取并被表达出来。其中的非空间因素与空间因素的对比作用将会更为明显。这不仅有利于我们证实或证伪那些非空间因素在今后建成空间发展趋势之中的作用，而且有利于我们建立更为全面的句法模型，即构建空间因素与非空间因素彼此互联互通的新型模型，用于解释或预测建成环境的运营与建设情况。其中的重点是剖析并辨

别非空间因素之间关联是否存在空间性，或在多大程度上可以影响空间因素所构成的
网络。通过这种分析，可以探索空间因素与非空间因素之间相互转化的内在机制，从
而去揭示建成环境的复杂性。

2.4　从句法模型分析到句法设计

2.4.1　空间句法模型的应用流程

　　怎么将这种空间句法模型用于城市规划设计过程之中，又兼顾真实城市建设相关
人员（特别是非城市规划设计专业人士）与虚拟模型之间的互动？首先，空间句法近
30 年的应用证明了空间模式与社会经济活动是彼此关联的（Hillier & Hanson，1984；
Hillier et al，1993； Hillier & Iida，2005）；且希利尔教授提出了空间形态、交通与
用地等相互影响的理论和应用（Hillier，1996）。例如，图 28 显示了伦敦巴恩斯伯里
（Barnsbury）地区 75% 的车流交通与新定义的空间效率非线性相关。不过，这是解决
城市是如何运作的问题。基于这种研究，我们才能放心地探讨第二个问题：城市应该
如何运作，即我们去预测并规划空间形态的变化和设计所带来的社会经济影响，这是
城市规划设计应用的重要方面之一。

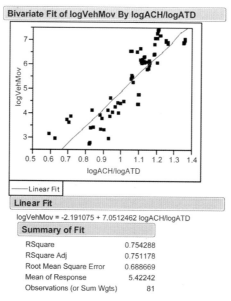

图 28　伦敦巴恩斯伯里地区车流量与空间效率的相关性（R^2=0.754）

　　其次，空间句法模型建立了一个数字平台，让参与规划设计的各方与虚拟模型互动，

并融合在一起，共同构筑城市规划和设计流程（图 29）。第一，调研并数字化空间形态、基础设施、用地、交通，以及其他社会经济因素的空间分布，甚至详细到每栋建筑的出入口或人均收入等，这种调研先于规划的理念是帕特里克·格迪斯在 20 世纪初就提出的；第二，基于数字化的空间模型，分析所调研整理的各种资料，注重空间与社会经济因素的相互联系，寻找或者展示问题和目标；第三，与规划设计的各方（公共政府机构、开发商、当地居民，或者规划设计者等）讨论数字化重构各种实际现象或者问题，探索彼此的关联机制；第四，鼓励各方提出想法；第五，把各方提出的想法加入空间模型之中，进行数字化预测、评估、回馈、协调，或者提出新想法，这是多次互动反馈的过程；第六，再讨论，提交各方满意且可行的规划设计成果，包括目标、导则以及政策等，以及对应的空间物质形态。

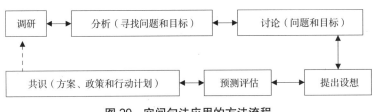

图 29　空间句法应用的方法流程

这个过程融合了两个方面：客观地调研，理性展示现状，并揭示问题；让参与规划设计的各方充分交流，自下而上地达成基于空间的规划目标与共识。空间句法经历了 40 多年的发展，也逐步形成了一套自洽的方法。然而，空间句法在空间表达与计算、空间认知以及空间与社会互动等方面都存在一些可以反思的方面。在空间句法发展的历史中，正是由于这些方面的深刻反思，导致了空间句法的理论不断完善，方法不断得以修正或改写。随着大数据以及人工智能的发展，空间句法将会迎来新的挑战，实现更为精细化的发展，发掘更多建成环境中的空间规律，最终借助机器深度学习或人工智能的方法，随时间的变化而实时迭代，有可能让空间句法这种分析性的理论转换为时空生成性的理论。这种时空生产性的方法源于自下而上的创新机制，借助于混沌走向有序的演变理论，强调人工智能的自组织方式，实行空间随时间的演变而自我生产，挖掘时空的价值。

2.4.2　从创造现象到创意设计

进入大数据时代，纷繁多样的可视化表达带给我们更多的惊艳图景和结构化信息，生动地诠释了"创造现象"（Creating Phenomenon）的哲学思辨，即在特定的环境下由人所创造出新的现象（图 30）。最为简单的案例就是：夜幕之下，人们仰望星空；由于黑夜给星系提供了深色背景，人们可相对容易地识别出每颗星，并根据认知创造出一系列星座图，并赋予其神话故事或星象意义。这一个过程代表了形式、认知以及内涵的创新。另外一个科学案例是：人们依据磁力线的移动金属线，就会产生电流这种新现象。伊恩·哈金（Ian Hacking）曾对此进行过深入的思考，认为科学首先是源于现象的创造，其中特定的环境往往是人工环境，或大自然所提供的独特环境（Hacking，1983）。城市可视化的表达的确给我们带来各类新的"创造现象"，提供了重新认识我们熟悉的城市或场景的机会。

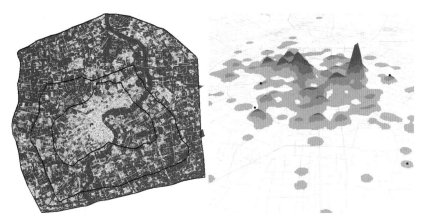

图 30　左为上海街坊块地图（红色表示面积小，蓝色表示面积大）；
右为成都中心城区的商业酒店的密度分析图

然而，这些"创造现象"如何应用到城市设计之中？是一个值得思考的问题，这是由于实践中很多反馈表明大数据的可视化表达难以完全被设计人员所用到。在空间句法研究领域之中，一个基本章问题就是我们如何从空间认知走向空间设计。比尔·希利尔教授曾给出了理论性的设想，即描述性回溯，即我们将会从真实的物质世界中读取抽象的规则，并应用于设计（Hillier & Hanson，1984）。这源于真实世界中所发生的事件以及独立于该事件过程之中个体的认知或行为，包括两个层面的认知机制。在局部层面上，各个部分各自分散，并可最终聚集为一个整体；而描述性回溯本身与构成过程的事件都处于类似的尺度之上，那么其抽象的过程与构成过程的事件将是类似的场景。在较为全局的层面上，所有分散的行为需要彼此协同，超越个体事件本身，共同形成一个单独的场景，体现为格式塔模式（Gestalt）。正是这个更高秩序的协同，使得我们无意识地认知到了某种同步协调。由于系统在建构过程中除了局部规则被一一解读并体现在具体建构行为中，我们还需要不时地了解更为整体性的情况，用于协调各个局部的建构行为和场景（杨滔，2016）。

空间认知则体现在局部和整体两个层面的描述性回溯之中。局部层面上的回溯更多是从个人的视点认知周边事物，称为自我为中心的认知（Egocentric）；而整体层面上的回溯则是从所有人的视点认知所有的事物，成为遍及中心的认知（Allocentric）。在这两个层面上，描述性回溯都依赖于视点之外的物质空间形态的构成方式，属于空间认知记忆的一部分；而回溯的行为则是将真实场景中固有的空间关系与头脑中所认知的模式进行关联。以联排式住宅的模式为例，两两单栋住宅之间彼此相互对位的关系体现在物质空间形态之中，在局部层面上被我们回溯并认知，形成了抽象的布局规则，如并排、交错或退让；在联排式住宅构成街道的整体层面上，所有两两单栋住宅之间的对位关系被认知出来，整体层面上的街道模式才会在认知之中凸显出来，而局部的两两单栋住宅的关系将会影响整体的街道模式，如直线形、半月形或自由型等。

在设计过程中，局部的空间对位规则等容易被回溯、认知和记忆，然而整体上的空间模式则需要不断地调整，往往并不能用简单的几何形状进行概括。汉森（Hanson）曾详尽地区别了整体层面上形式的秩序与结构。前者体现为简单重复的几何模式，即从鸟瞰角度就能一眼识别的几何构成，呈现为自上而下的格式塔限定机制；后者则体现为简洁有机的几何模式，即从人看角度浸入式体会才能认知到的几何构成，呈现为自下而上的整合生成机制（Hanson，1989）。因此，空间感知转化为空间设计的路径是：从所有局部的空间关系进行回溯，不断地认知并调整局部的规则，进而在协同之中感知、认知并创造整体模式。这些模式既存在于真实的现实之中，又存在于虚拟的抽象思维模式之中；而我们则不断地从真实的局部建成环境之中抽象各种模式，构筑出抽象的网络结构，并在空间的设计与建造之中反复地试错、迭代或提升。

基于新兴技术的发展，实体城市空间与虚拟抽象空间将会更加密切地互动，而这种互动与交融仍然依赖于网络的概念，即将分散在时空中的事件之间的关系揭示成为网络关系，这样我们最终作为设计的执行者才有可能理解分散事件之间的关系，并对其进行编辑、重组和创新。在很大程度上，这体现为实体个人与虚拟社会之间的运作机制。与之同时，空间句法的设计方法并不是简单的"分析－归纳"，而是基于对于分散的城市空间现象和社会经济活动的分析，挖掘出空间的网络结构，创意性地提出整体性假设，并对此进行检验，然后优化或否定假设，循环往复。在这个过程中，基于网络自下而上的生成范式，创意性地提出整体性假设或系统性研究问题，才是最为关键的，这是推动整个设计的发动机。本书后四章将从不同的角度论述空间句法的实践案例，并进一步反思空间句法的应用。

第3章　苏州多尺度的空间形态流

本章以苏州案例为例，探讨空间句法理论与方法在区域、市域、片区以及新区等不同尺度上的应用，从而揭示"空间形态流"的模式，即支撑交通流、信息流、功能流等的物质空间结构模式，为苏州空间形态设计提供坚实的基础。此外，本章也借鉴上一章提出了方法论，强调从"现象创造"中发现问题，通过实证分析和创新思考提出优化策略。

3.1　研究问题与方法

2013 年年底，中央城镇化工作会议提出"由扩张性规划逐步转向限定城市边界、优化空间结构的规划""严控增量，盘活存量，优化结构，提升效率"等政策方针；国土部门也提出"严格控制城市建设用地规模，确需扩大的，要采取串联式、组团式、卫星城式布局"等通知。这也提出了一个迫切需要解决的问题：如何在限制城市边界的前提下，通过选择、评估并优化空间结构来提高城市空间的使用效率和品质，从而实现精细化空间规划、设计和管理？由于城市在区域中彼此联系，又涵括各种层面的片区、邻里和社区，多重尺度的互动是空间结构优化的重要课题之一。

苏州作为我国东部发达城市的代表，已经出现了新增土地不足的现象，也面临限制城市边界，优化城市空间结构的调整。该项目是 2014 年中国城市规划设计研究院苏州战略规划的空间句法专题研究，旨在从区域、城市、片区、社区等不同尺度对苏州的空间结构进行研判，以辅助战略规划的编制。本章重点考虑如下几个研究问题：苏州现状的空间结构是怎么样的？有何潜力？发展方向如何？又有何不足之处？其空间布局又与其周边的城镇有何关系？其周边的空间发展又会将如何影响苏州本身的发展？正在规划的新城，如高铁新城，是否会影响今后苏州的空间走向？本章将采用空间句法的方法，从区域、市域、中心城区以及街道等多尺度层面上深入地研究上述问题，试图寻求苏州空间结构的特质，并期望对下一步的苏州总体规划设计有所启发。本章将苏州放在整个长江三角洲的背景之下进行分析，旨在打破苏州与其他所有城镇之间行政边界的束缚，探讨苏州的空间结构与其周边城镇的互动关系，从而识别出其空间结构的特征。

首先，根据道路中心线，建立起空间句法模型。对于苏州市域，包括高速、国道、省道、县乡路、中心城区主支干道以及杂路等；对于苏州市域之外的长三角地区，包括高速、国道、省道、县乡路、中心城区主干道。不过，在空间句法模型中，并未区分不同的道路等级，而是将其等同考虑，研究道路之间的空间关系，而非道路本身的等级，试图通过度量道路之间的复杂关系确定其等级，而非事先假定每条道路的属性。此外，苏州市域以及市中心区仍然是该研究的重点，而长三角是其研究的背景，因此后者重点关注区域和市域层面上的分析，而前者则遍及不同尺度的分析。

其次，计算空间联系时，重点研究可达性和穿行性的潜力。在空间句法之中，可达性的潜力被定义为到达某个目标空间的最短距离，用于度量人们到达那个目标空间的难易程度；而穿行性的潜力则被定义为穿过某个目标空间的最短路径的频率，用于度量人们穿越那个目标空间的概率。这两个变量对应于两种不同的出行方式：到达性的和穿越性的。这两种出行方式或潜力所构成的模式是不同的。

最后，选择不同的实际距离半径，度量区域、市域、中心城区等不同尺度的空间结构特征。例如，30公里大约相当于苏州中心城区的半径，60公里大约相当于苏州市域的半径，100公里大约相当于苏州到上海的距离，而200公里大致相当于苏州到南京的距离，这可以视为区域尺度（图31）。在空间句法分析中，我们分析每条街道到周边某个特定距离（如30公里）内的其他所有街道的关系，并将此关系值赋予那条街道，从而计算出在那个特定距离半径下，整个城市系统的空间格局特征。对于不同的度量半径，可以近似地理解为不同的空间特征影响尺度。

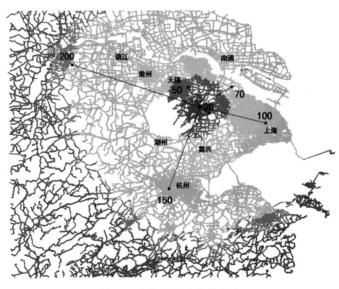

图31 实际距离半径的概念

3.2　长三角区域背景中的苏州空间格局

这部分试图研究苏州在整个长三角区域中的空间格局是如何的？又有何发展潜力？其分析过程不同于传统的区域空间结构分析，并未设置城镇、街道、空间节点的等级，也未限定城镇和乡村的行政边界，而是本着城乡一体化、打破行政边界的观点，着重分析整个长三角系统内所有空间之间的关系，剖析苏州多尺度的空间特质及其与周边城镇之间的战略关系，从而得出其自然而然形成的空间格局关系。这部分重点分析苏州的空间中心性、各种区域通道的潜力，以及区域通道和苏州中心性之间的互动关系。

3.2.1　现象与问题

通过定量和定性相结合的研究，结合不同尺度的分析，发现长三角背景中关于苏州空间格局的不同现象，按从区域到中心城区的变化情况，从大尺度到小尺度的方式逐一说明，并最后综合不同尺度的现象总结，说明相应的问题：

苏州在长三角网络化过程中的中心化潜力较大，且在区域范围内形成了"放射 + 环"的雏形。根据 100 公里以上半径（即区域尺度）穿行性的分析（图 32），长三角空间网络一体化的趋势明显。沪宁方向的走廊比沪杭方向的更强，前者还与沿江走廊（+ 常合走廊）相互交织，形成了拉长的"8"字；从100 公里到 200 公里，南北向走廊（即南通–苏州–嘉兴）明显得以强化，甚至可视为"大上海区域"的西环；在区域尺度上（如 200 公里），杭州、嘉兴、上海青浦、太仓、张家港、常州、太湖西侧等构成了一个空间大环，而苏州中心城区恰好位于其中心。在多尺度的分析之中，也表明了苏州在区域上形成了"放射 + 环"的雏形，虽然上海具备较为完整的"放射 + 环"结构。这说明在长三角区域层面上，苏州是其潜在的空间重心之一。

沿江通道的区域可达性高。根据 200 公里半径

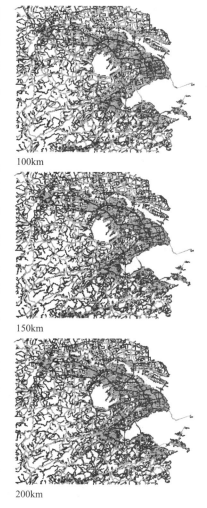

100km

150km

200km

图 32　区域穿行性模式分析

（即区域尺度）的可达性分析（图 33），沿江通道的在区域上有较强的可达性；在 100 公里半径上，虽然上海是长三角中空间可达性的中心，沿江通道的重要性也凸现了。这说明了沿江通道承担了更多跨区域的空间交流，而苏州恰好位于重要节点上，发展机遇较大；不过其沿线的城镇和工业区与该通道局部空间关系不佳，未能最大限度地截流并利用该通道所带的各种"流"，如物质流、经济流、人气等。

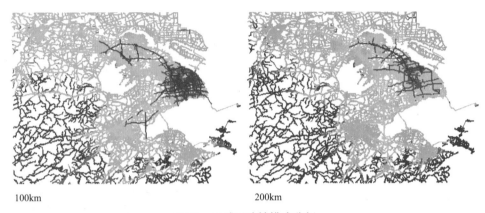

100km

200km

图 33　区域可达性模式分析

苏锡常一体化与分异。根据 50 公里半径（即市域尺度）的穿行性分析（图 34），苏州、无锡、常熟沿沪宁通道形成了近似带型的组团。其中，无锡的区位优势比较突出；然而苏州相对来说比较零散，该带型组团与上海之间的边界位于苏州的昆山和太仓，且张家港显然与无锡的联系更为紧密。这说明苏锡常带型组团层面上，空间战略中心在无锡，而非苏州。因此，这给苏州带来了空间挑战。

苏州市域松散的多中心空间模式。根据 30 公里半径（即城镇尺度）的穿行性分析（图 35），无锡、常熟、南京、嘉兴、杭州等基本上都呈现紧凑的单中心格局，而苏州市域则出现了明显的多中心模式（如图 35 中黑三角所示），具体包括苏州中心城区、张家港＋常熟、昆山＋太仓；且它们之间的关系较为松散，张家港与无锡关系较为密切，而昆山和太仓与上海的关系较为密切。此外，对比上海，它也是多中心的模式，不同中心之间的关系较为密切，彼此交织，形成了更为密集的空间网络。这与苏州松散的多中心格局形成了明显的对比。

南北通道较弱，却具备改变苏州区域价值的潜力。根据多尺度的穿行性和可达性的综合分析（图 36），沪宁通道和沿江通道都是通过苏州的重要空间走廊；而南北通道则不明显，且苏州、上海青浦、嘉兴之间的三角地区基本上未形成任何空间结构。从另一个角度，这也说明了苏州中心城区南部（包括吴江地区）具备较大的潜力，形

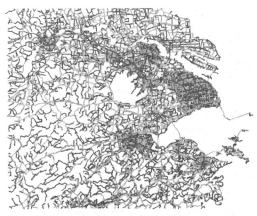

图 34　市域尺度（50 公里）穿行性模式分析

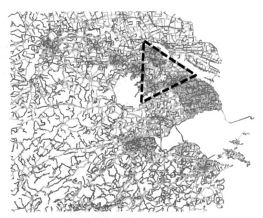

图 35　城镇尺度（30 公里）穿行性模式分析

成新的集约化次中心。因此，从多条路径打通南北通道，不仅有利于进一步增进现有苏州的战略地位，而且有助于打造苏州新的战略中心，例如吴江地区的次中心。此外，区域性的南北空间通道过于集中在苏州古城，加剧其交通拥堵。因此，进一步开拓南北通道，不仅有利于进一步强化现有苏州的空间战略地位，而且有助于为保护苏州古城创造更好的空间条件。

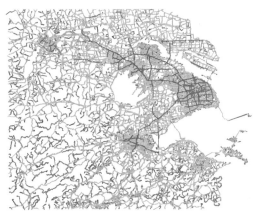

图 36　多尺度综合模式分析

3.2.2　优化策略小结

上述分析说明了苏州在长三角地区具备较强的区位战略优势，进一步完善其战略通道，将有助于提升苏州在长三角空间网络中的重要性。优化策略包括四点（图 37）：首先，沪宁通道空间压力宜分散，优化其沿途空间品质，重点围绕铁路站点进一步优化功能和空间格局。其次，沿江通道宜强化其城镇尺度连通性，重点优化城镇和工业园与该通道的局部空间联系。再次，沪湖通道宜强化其市域和城镇尺度连通性，优化其与沿途城镇和乡村的空间联系较为重要。最后，宜绕开苏州古城，开辟新的南北向通道，强化南通 - 苏州 - 杭州 / 宁波的空间联系，并可穿过苏州中心城区的高新区、园区或昆山，以此带动吴江地区的战略发展，进一步完善苏州多中心的格局。以下将进一步展开说明：

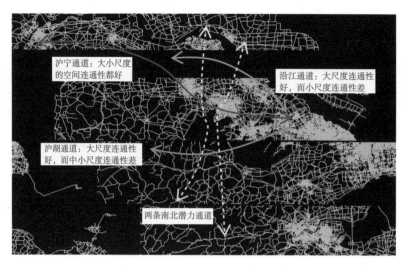

图 37　战略通道的空间潜力分析

（1）沪宁通道交通压力宜分散，优化其沿途空间品质。从区域、市域和城镇尺度来看，沪宁通道的连通度、整合度以及穿行性都较好，这说明了不同尺度的交通流都在此通道上汇集。然而，在整个区域层面上，仅有这条通道在各种尺度上表现优良，这从另外一个角度说明了该通道的交通压力较大。结合铁路线也聚集在此通道上的事实，说明该通道的重要性，也表明了其交通和用地功能可围绕铁路站点进一步优化，提升其沿途的空间质量。

（2）沿江通道宜强化其城镇尺度连通性。该通道在区域和市域尺度上的连通度、整合度以及穿行性都较好，然而在城镇尺度上连通度较弱。这导致了沿江通道沿线的城镇和工业区未能最大限度地截流并利用该通道所带的各种"流"，如物质流、经济流、人气等。因此，在小尺度上，优化城镇和工业园与该通道的空间关系是今后的重点。

（3）沪湖通道宜强化其市域和城镇尺度连通性。该通道仅在区域尺度上具备较好的连通度、整合度以及穿行性，然而在市域和城镇尺度上连通度都较弱。这说明该通道还仅服务于区域性长途交通的走廊，对于沿途城镇空间结构的影响不大。因此，在中小尺度上，优化其与沿途城镇和乡村的空间联系较为重要。

（4）两条南北通道具备发展潜力。分析表明苏州旧城以北的地区空间网络发育较为成熟，而苏州旧城以南、嘉兴以北、上海以西的地区还未形成网络化的趋势，这体现为苏州向北的空间辐射较强，并以旧城为中心。在此背景下，南北向的空间走廊过于集中在旧城，加剧其交通拥堵。因此，在旧城的东西两侧宜开辟新的南北向通道，强化南通－苏州－杭州／宁波的空间联系，并可穿过苏州中心城区的高新区、园区（或昆山东侧），以此带动高新区、园区、吴江地区的战略发展，进一步完善苏州多中心的格局。

3.3　苏州市域的空间格局

这部分重点研究苏州市域范围之内的空间格局，识别其发展潜力。分析基于苏州市域的空间句法模型，已涵盖各级道路，比区域模型更加细致，将有助于从更加微观的角度看待较为宏观的现象和问题，并能提出更加切实可行的优化策略。

3.3.1　现象与问题

通过横向案例对比、定量分析和定性判读，从市域到片区逐一说明现象，并阐述相应的问题。

（1）市域非匀质集约发展与空间"各自为政"之间的矛盾。根据道路密度分析（图38），苏州中心城区、常熟市、张家港市和昆山市的开发强度较高，并未大面积地低密度扩散，呈现出较好的非匀质集约模式。具体而言，这形成了三大组团:苏州中心城区；常熟－张家；昆山－太仓。其中苏州工业园区并未形成良好的空间结构，反而是苏州中心城区和"昆山－太仓"组团的分界区。

然而，根据与威尼斯、大伦敦、大东京和芝加哥市域的比较（图39），苏州市域尺度的

图 38　市域道路密度模式分析

穿行性均值最低，这意味着各个高密度开发的组团在市域层面上联系较弱，形成了空间上"各自为政"的模式。也许这与苏州市域的水网有关，然而威尼斯的水网也较为发达，因此苏州市域尺度上各个组团之间的联系还有一定的提升空间。

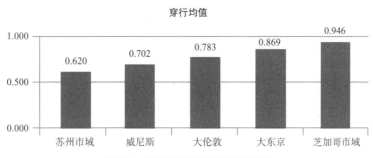

穿行均值

图 39　不同城市穿行性均值比较

此外，相对于其他工业开发区，常熟市东侧乡郊地区的开发区密度较高，远远高于太仓、昆山以及园区的开发密度，然而空间可达性和穿行性都相对较低，这与其相对低效的重复建设有关；而太仓市的"田园城市"结构初步形成，其港城区需要继续强化，融入整体结构之中；吴江市的空间则呈散点式，并未形成任何网络结构。

（2）市域层面上苏州中心城区中心的空间压力过大。根据整体空间可达性分析（图40左），苏州中心城区中心仍然是全市域中可达性最高的地区，并且通往张家港、常熟、昆山、吴江的主要通道都向中心城区中心汇集，缺少上述各地区彼此之间的横向联系，即环状结构较弱，这必然加大了市中心区的空间压力；根据空间穿行性分析（图40右），南北走向的穿行性通道（苏虞张公路和苏嘉杭高速）都聚集在苏州市中心区，主要依靠沪宁高速相通，同时外环在空间上并未完全起到疏解穿行性交通的作用，在西南和东南都形成了空间断点，这也加大了苏州市中心穿行性交通的压力。此外，市中心这种空间过度聚集的效应也与市中心老城保护和疏解人口的策略有一定的矛盾。

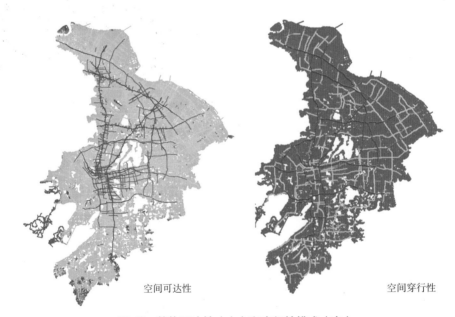

空间可达性　　　　　　　　　　　　　　空间穿行性

图40　整体可达性（左）和穿行性模式（右）

（3）不完整的多中心空间网络。苏州市域初步形成了多中心的模式，然而其空间网络还有一些不完善之处：市域尺度上（图41左），除了苏州中心城区、常熟和张家港之间联系较为密切，昆山和太仓游离在整个市域空间结构之外，也暗合这两个地区与上海的社会经济联系更为密切的现实；城镇尺度上（图41右），昆山和太仓城区仍然构成了"孤立"组团，特别是苏州工业园区构成了苏州老城区与昆山之间的空间"断裂带"，即园区未实现其城市次中心的目标；常熟虽然道路网络密度较高，然而对比其他地区，其空间的中心性并不强（图 41、图 42）；吴江只是在片区尺度上才具备中心性（图 42），基本上未形成网络结构。

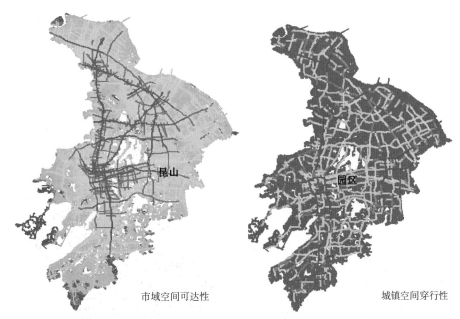

市域空间可达性　　　　　　　　　　　　城镇空间穿行性

图 41　市域尺度的可达性（左）和城镇尺度的穿行性模式（右）

空间可达性　　　　　　　　　　　　空间穿行性

图 42　片区尺度的可达性（左）和穿行性模式（右）

3.2.2　优化策略小结

上述分析说明了苏州在市域范围形成以苏州古城区为中心的放射状的多中心空间结构，古城区的空间压力较大，而其他各中心强弱不一，彼此之间的空间联系也较弱（图43左）。因此，苏州市域空间结构发展到了一个十字路口：继续强化古城区的中心地位，延续放射状的空间模式；还是完善其他各个中心至今的联系，打造多中心的空间模式？本章认为需要选择后一种模式，采用强化其他中心和通道的方式，缓解苏州古城区的压力，优化空间结构的策略包括如下几点（图43右）：

图43　多尺度综合分析模式（左）和优化策略图示（右）

（1）改善沿江通道，以强化横向联系。沿江通道的潜力在于进一步提升港口产业带，强化与上海的对接，建构张家港、常熟和太仓之间更紧密的横向联系，从而缓解沪宁通道的压力；此外，沿江通道的改善还在于优化其与张家港、常熟和太仓城市尺度的空间联系。

（2）优化常熟东部水乡地区空间结构和产业布局。在沿江通道一线上，常熟东部的道路网密度较大，而其可达性和穿行性都较低，影响了沿江通道发展的潜力。优化该地区与周边的连通程度，有助于改善其工业布局。

（3）提升昆山与吴江地区的联系，建构新的南北通道。目前的南北通道过于集中在苏州老城方向，结合吴江地区东部旅游产业的提升，可完善昆山江浦路或东城大道与吴江的联系，形成新的南北通道，从而在市域层面上使得南北方向的空间走廊向东转移，并考虑远期与宁波湾的战略关系。

（4）完善吴江的水网和绿网结构，保护其特色格局。吴江地区暂时还未形成完整的空间网络体系，也是今后开发的重点之一，然而其空间结构的建造需要结合水网和绿网的完善，而非像过去的开发那样去破坏其特色格局，因此空间结构的发展与保护需并重，走出一条绿色规划建设的道路。开发重点是采用绿色交通模式，结合旅游、商务、研发等，打造独具特色的山水格局，形成多中心、多结构、多主题的江南水乡群。

3.4 苏州中心城区的空间格局

这部分重点研究苏州中心城区范围之内的空间格局，包括姑苏区、园区、新区、相城、吴中和吴江，分析这些地区的空间特征，识别其发展潜力，并提出相应的优化策略。分析基于苏州中心城区的空间句法模型，涵盖各级道路，比市域模型更加细致。

3.4.1 现象与问题

在中心城区分析中，苏州古城区的空间压力得以明显地揭示。在此背景下，以姑苏区为重点，采用定量分析、定性判读和各地区比较研究的方法，从中心城区、片区、邻里直到社区，逐一说明现象，并阐述相应的问题。

（1）各地区非匀质发展、且工业区开发密度较低。根据道路密度和街坊块边长分析（图 44），姑苏区开发强度明显高于其他各区，而其他各区开发强度在数值上差别不大，从强到弱排序为：新区、吴中、园区、相城和吴江。

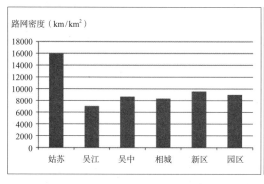
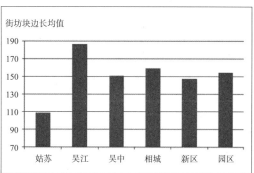

图 44 中心城区各区的路网密度和街坊块

不过，根据道路网密度的图式来看（图 45），新区、吴中、园区和相城开发强度较高的地方大体靠近姑苏区，然而姑苏区并未与那些较高强度的地方连成一片，在其东、西、北的边界上开发密度有所降低；而姑苏区与吴中的边界上开发强度却非常高，这说明此边界也具备形成中心的潜力；各区的工业区开发密度较低，特别是园区的工业用地密度低；姑苏区内部也分为中心组团、西北组团（金阊区）、西南组团。

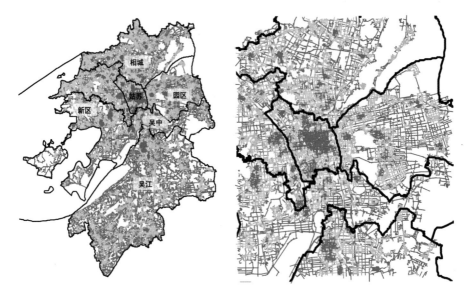

图45 中心城区各区的路网密度

（2）姑苏区的中心性过强，带来了过度的空间压力。根据穿行性和可达性分析（图46），姑苏区在中心城区、片区和邻里尺度上都比其他各区更强，并且其他各区的可达性都远远低于姑苏区，这说明了姑苏区的空间中心性过于显著，成为联系其他各区的空间重心。因此，在这种"一枝独大"的空间格局中，姑苏区容易不堪空间重负。

不过，从社区尺度上来看，姑苏区边界上大部分地区的连接性都较弱，且只有干将路和人民路作为最主要的穿越性空间，这反而在一定程度上促使姑苏区在如此大的空间压力下也能相对保护完好。因此，一旦姑苏区与周边各区的联通性得以较大幅度的提升，其空间压力会变得无法承担，结果也许是整个古城遭到毁灭性的破坏。

（3）园区的空间区位较好，但空间布局过于隔绝。相对于园区与其他各区（除了姑苏区），空间整合程度不低，甚至在中心城区和片区层面上还处于最高（图46），这说明了其空间区位较好。然而，在各种尺度下，其空间穿行性均值都为最低，与其他各区的差值较大，且空间穿行性最大值非常高。这说明了园区在各个层面上都较为封闭，只有少量几条道路作为穿越性道路。实际上，园区也是在封闭小区的理念下建成的，与姑苏区的街道模式形成了明显的对比。因此，园区缺少活力四射的各级中心。

（4）新区缺少中心城区层面的空间中心。新区的可达性最大值和穿行性最大值都

图 46　各区的穿行性和可达性的多尺度比较

较低（图 46），特别在中心城区和片区层面上都是最低值，而其均值都较高。这表明
了新区整体的区位优势不大，也缺少整体上穿越性较强的走廊，而内部的空间结构则
组织得相对比较完善。这与其位于太湖边缘，作为中心城区西部尽端有一定关系。因此，
新区缺少较大尺度的空间中心。

（5）相城的空间可达性较好，空间布局略显隔绝。相城的可达性虽然低于园区（除了姑苏区），但其空间整合程度也较高（图 46），这说明相城的空间区位较好。不过，其穿行性均值不是很高（当然比园区要高许多），且其穿行性最大值相对较高。这也说明了相城的空间结构稍微有些隔绝，穿行走廊集中在少数几条道路上。

（6）吴中和吴江的可达性相对较差，不过都具备较高的空间穿行潜力。吴中和吴江的可达性均值相对而言都较低，而其最大值则较高（图 46），说明了这两片地区的空间结构整合程度不高，却具备一些可达性较高的中心，例如社区或村落中心；吴中和吴江的穿行性均值和最大值都较高，这表明它们都还位于穿行性走廊上，且内部空间结构相对"四通八达"，因此具有较大的潜力滞留住穿行性的人气和物流，成为地区性的活力中心。

3.4.2　优化策略小结

上述分析表明了苏州在中心城区范围形成了以苏州姑苏区（古城区为主）为中心的空间结构，不过姑苏区在边界上由于断头路或"丁"字路较多，缓解了空间压力，事实上反而起到了从空间格局上"保护"古城区的作用；区位优势较好的园区和相城反而缺少地区内外之间的空间沟通，导致其穿行性的空间集中在少数的道路上；新区由于位于太湖边缘，区位优势不强，不过内部空间组织相对较高；而吴中和吴江的可达性不高，具备较强的潜力承接穿行性的人气和物流，局部中心性也较强。进一步发掘园区、相城、新区、吴中和吴江的空间潜力，强化它们之间的空间联系，有助于完善其多中心的网络结构，从而缓解姑苏区的空间压力。优化空间结构的策略包括如下几点：

（1）激发园区和新区的空间潜力，引导形成姑苏区东西两侧的中心城区级中心。在很大程度上，由于周边自然山水的限制，园区和新区都缺少南北向的空间延伸，因此较多地依赖东西向的空间走廊，从中心城区层面上仍然依附于东西向走廊的中点，即姑苏区。在战略层面上，改善这两个区与其他各区南北向的空间联系，将有助于完善东西向和南北向空间走廊的互动，从而激活整个地区。具体而言（图 47），园区可以考虑星湖街和星华街的南北向延伸，特别是其向吴江东部的延伸，结合高铁站点和地铁站点的选址，在星湖街和星华街之间引导次中心的建构；而新区可以考虑改善金枫路和金山南路一线向南，与吴中的木东公路、东山大道以及吴江地区的空间联系，甚至建构吴江地区的云龙西路与新区的联系，从而激活金山路、木渎地区和南部太湖新城一线的空间潜力。

（2）优化围绕姑苏区的其他五个区之间的横向联系，形成"中环"，缓解姑苏区的空间压力，并激发各自的活力中心。该"中环"的概念（图 48）并不是环形的快速干道，

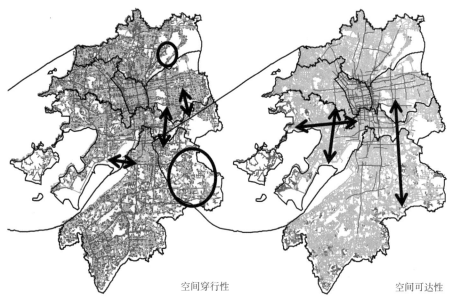

空间穿行性　　　　　　　　　　　　　　　　空间可达性

图 47　市区尺度的穿行性（左）和可达性模式（右）。黑色箭头表示可改善的空间节点

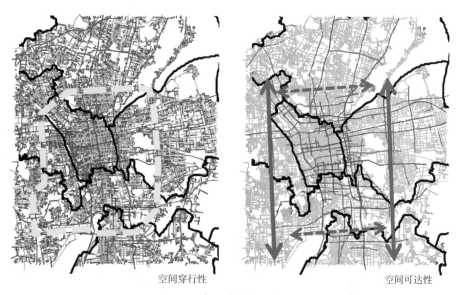

空间穿行性　　　　　　　　　　　　　　　　空间可达性

图 48　中心城区的"中环"

而是在其他五个区彼此之间的边界上改善其连通，形成五个区之间自然而然的环形走廊，该走廊是环形带的概念，包括主要路径周边的道路网和用地等。该"中环"并不是匀质的，而是各种等级中心以自然的方式疏密结合地组合成为环形。具体而言，该"中环"包括新区的金枫路和金山南路、相城的太阳路和蠡太路、吴江的云龙西路和江兴东路、吴中的东山大道和苏同黎公路、园区的星湖街和星华街。这条环形带的形成需

要在姑苏区周边的"四角山水"中建构一些绿色空间通道，通过从空间上连通这五个区，达到保护"四角山水"的作用，防止姑苏区由于自身空间压力过大，而向四周无序扩张。

（3）在姑苏区外围的各区进一步引导建构或完善片区级中心。在片区尺度上，相城、园区、吴中、吴江以及新区存在一些空间上的"断裂带"（图49），即这些地区中局部的可达性或穿行性急剧降低的地带。穿行性的"断裂带"包括相城的高铁新城所在的地带、园区星华街南段两侧的地带，以及吴中和吴江在迎春南路和中山北路一线的地带；而可达性的"断裂带"包括吴中的木渎镇，以及新区的竹园路和塔园路一带。通过完善"断裂带"，可激活这些地段或其周边的活力，有助于形成片区级中心。

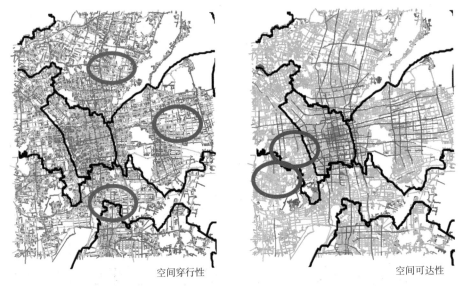

空间穿行性　　　　　　　　　　　　　　空间可达性

图49 中心城区的"断裂带"（红圈表示）

图50 姑苏区边界上的"断裂带"

（4）在社区层面上改善姑苏区边界上的空间构成，结合水系重塑，形成局部的蓝色活力中心。姑苏边界上断头路或丁字路形成了局部的"断裂带"（图50），降低了古城区在中心市区层面上的可达性，客观上保护了古城。然而，其边界上的滨水空间进一步完善其局部的构成方式，形成局部的活力中心，结合水系的更新或修复以及滨水设施的完善，引导形成更加近人的滨水场所。

3.5　方案评估与设计

这部分采用恰当范围的空间模型，首先，检验轨道交通规划和潜力空间节点对于苏州整个城市空间结构的影响，识别出规划的轨道交通是否将极大地改变苏州城市空间结构，并初步判定潜力空间节点的改善是否有利于极大地改变苏州的空间结构，促进新的城市中心的形成；其次，检验已有局部规划方案对苏州空间结构的影响，包括高铁新城、太湖新城和生态新城，比较方案与现状的差异，从而评估这些方案的空间效果以及它们对其周边空间结构的影响；最后，该部分还比较 2008 年和 2013 年苏州空间结构的差异，以此识别出苏州在过去 5 年中发展的趋势，从而用于判断其今后发展的趋势。

在轨道交通规划、潜力空间节点、高铁新城、太湖新城以及生态新城的案例检测中，空间句法模型均采用 2013 年最新的模型作为计算背景，分别加入新方案，重新建立空间句法模型。因此，这些检测共包括 5 个新模型，分别进行了定量模拟。

3.5.1　轨道线的影响

从区域和市域两个尺度上，分别对轨道线的影响进行了分析。在区域分析包括沪宁、沪杭、宁杭之间的铁路和高铁，具体是南京 – 镇江 – 常州 – 无锡 – 苏州 – 上海一线（共有两条平行线）、上海 – 嘉兴 – 杭州一线、无锡 – 湖州 – 杭州一线、杭州 – 绍兴 – 宁波一线。而市域分析则包括《苏州市域轨道交通近期实施方案示意图》和《苏州市轨道交通线网规划修编》中所有铁路和地铁线网，其中地铁线共 7 条。根据比较未加入和加入轨道线的空间模式，可以得出如下两点：

（1）区域轨道线强化上海与苏锡常之间的空间联系，使得苏州市域北部网络更加成熟。根据可达性和穿行性的综合分析（图 51），区域轨道线提高了沿途各个城市的可达程度，不过沪宁方向的提升效果明显要好于沪杭或宁杭方向，且沪宁走廊仍然在区域中占有主导地位。在沪宁走廊上，轨道线更多地强化了上海到苏锡常一线的空间区位，特别是苏州中心城区北部、昆山、太仓、常熟、张家港等形成更为密切的网络化形态。然而，沪宁轨道线对于苏州市域南部影响较小，这部分地区基本上未形成网络化的格局。这说明了区域轨道线对于苏州市域北部影响较大，与该地区的道路交通网更为完善是相吻合的。从侧面说明了轨道交通与道路交通彼此协调互动，才会更大地发挥其网络效率。

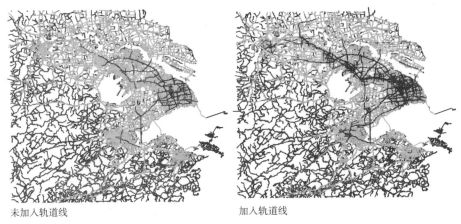

未加入轨道线　　　　　　　　　　　　　　　加入轨道线

图51　区域轨道线的影响（左：现状；右：加入轨道线）

（2）市域和中心城区的轨道线网强化了姑苏区的中心性，有可能加剧了古城区的拥堵。在市域层面上（图52），轨道线网提升了苏州中心城区、张家港、昆山的可达性，特别是强化了姑苏区的中心地位；并且南北向贯穿市域的铁路线更多地加强了姑苏区东侧的可达性。这使得市域尺度的交通出现还是以姑苏区为中心展开，并未有效地缓解该古城区的空间和交通压力，在一定程度上有可能会加剧古城区的交通拥堵现象。

未加入轨道交通　　　　　　　　　　　　　　加入轨道交通

图52　市域尺度轨道线网的影响（左：现状；右：加入轨道交通）

在城镇尺度上（图53），轨道线网强化了姑苏区、园区和昆山的可达性，对于姑苏区的提升效果尤为明显。这在很大程度上与其地铁线网以姑苏老城区为中心展开有关系，每条线路都穿过或贴近姑苏区，这必然给该区带来更多的交通负担。

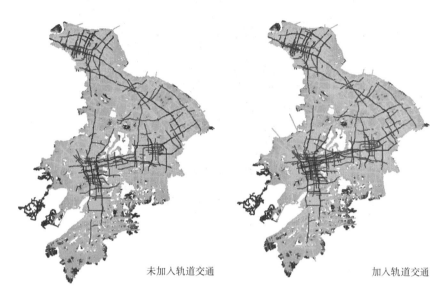

未加入轨道交通　　　　　　　　　　　　　　加入轨道交通

图 53　城镇尺度轨道线网的影响（左：现状；右：加入轨道交通）

（3）轨道交通选线需考虑改善以姑苏区为中心的放射状道路形态。因此，今后的轨道交通选线需要考虑增加适量的绕过姑苏区的线路，以此强化除姑苏区以外的其他各区市之间的横向联系，从而弥补道路交通形态过于集中在姑苏区的"弱势"，促进整体交通体系网的均衡性发展。或者说，"放射+环"的空间形态也需要在轨道交通形态上得以体现，以此有目的性地增强向心性交通或环向交通的潜力，从而改善整体交通网络的运转效率。

3.5.2　潜力空间节点的影响

根据上述分析，为了缓解姑苏区的空间压力，采用改善姑苏区周边空间结构的方式优化姑苏区本身的空间结构。例如，宜改善相城区-园区-吴中区之间的联系，使得园区有可能形成城市新中心；或宜改善新区-吴中区-吴江区之间的联系，促使新区获得更多的南北向空间区位优势。

为了在园区形成新中心，在中心城区尺度上，分别连通了太阳路和星湖街、阳澄湖西路和跨阳路、星华街和苏同黎公路，从而强化了园区与相城和吴中区的空间联系。为了在新区形成新中心，在中心城区尺度上，跨越太湖连通了云龙西路和东山大道，以强化新区与吴中区的空间联系。通过比较了连通前后整个空间格局的变化情况（图54），以此判断这些空间节点对于改善城市空间结构的潜力。

图 54　潜力空间节点的位置

（1）园区形成南北向次中心的潜力较大。根据可达性和穿行性的综合分析（图 55），星华街、现代大道、中新大道东以及其周边的空间区位都得以明显提升，这片地区有可能会形成活力中心；此外，金鸡湖西侧的星港街和东侧星湖街的可达性也有了较大的提高，结合高铁站点在星湖街北段的选址，这片地区的区位价值也会较快地上升。因此，改善这些关键节点，园区在星湖街和星华街附近形成次中心的潜力会较大，从而使得园区能形成自身较为独立的中心地带。

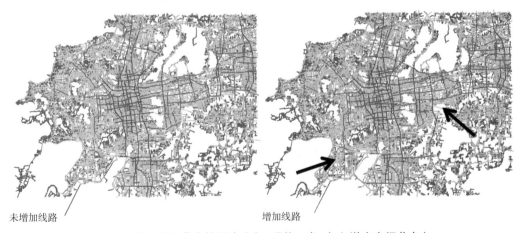

未增加线路　　　　　　　　　　　　　　　　增加线路

图 55　潜力空间节点的影响（左：现状；右：加入潜力空间节点）

（2）新区和吴中西部形成南北向次中心的潜力不大。根据可达性和穿行性的综合分析（图 55），金山南路部分路段的空间区位有较大提升，而东山大道沿线的区位只是略微地改善。因此，在新区和吴中西部形成次中心的潜力有限，不过在新区的金山南路和木渎的翠坊街则能形成片区级的中心。在一定程度上，这说明了新区较难形成城市级次中心，而更容易形成服务于新区本身的高品质片区中心。

3.5.3 高铁新城的影响

高铁新城是以京沪高铁苏州站综合交通枢纽为依托的 30 平方公里腹地的综合开发项目。该项目将发展以交通运输产业、高科技研发、高科技应用示范、商贸会展、旅游休闲、绿色城市配套产业为主体产业的综合新区。该部分检测了高铁新城（图中黑色虚线表示其地段边界）以及高铁线对于其周边的影响，以此从局部（5 公里）和整体（30 公里）两个尺度上对比高铁新城加入中心城区模型前后的效果，预测高铁新城及其周边的空间潜力价值。

（1）高铁新城中心地带形成了局部的"十字轴"结构，并在高铁站东侧形成局部的活力中心带。根据局部可达性和局部穿行性的综合分析（图 56），加入高铁新城之后，地段中心地带出现了以澄阳路和太东公路组成的"十字轴"空间结构，现状中澄阳路北段的空间活力会向高铁站点方向南移，在高铁站的东侧形成活力中心；相城大道的交通压力会降低，这与新城东侧的兴泰路向北贯通有关系，因为兴泰路的北延为相城大道提供了可供选择的线路；在地段尺度上，新城东侧的区位将会提升，有可能提升阳澄湖西岸的空间价值，形成富有生活气息的滨水空间。

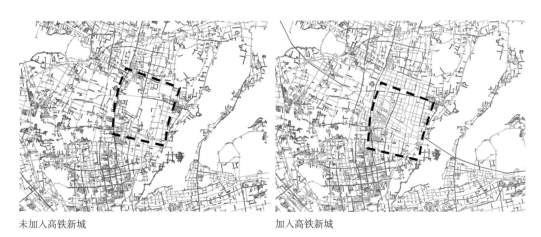

未加入高铁新城 　　　　　　　　　　　　加入高铁新城

图 56　高铁新城的局部影响（左：现状；右：加入高铁新城）

（2）高铁新城边界上的整体空间区位价值得以提高，其东侧和南侧有潜力成为片区中心。根据整体可达性和整体穿行性的综合分析（图 57），新城地段边界上的空间活力潜力有所增强，并且东侧、南侧、西侧增强的幅度都较高，有利于新城与周边地段的融合；相城大道的空间区位将得以大幅度提升，成为该地段内主要联系南北方向的空间走廊；整体而言，新城内部的空间区位价值得以提高，形成了相对比较均质的空间网络结构，新城的均好性也得以体现。

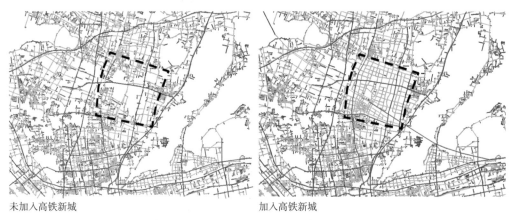

未加入高铁新城　　　　　　　　　　　　　　　　　加入高铁新城

图 57　高铁新城的整体影响（左：现状；右：加入高铁新城）

由于地段东侧整体上的空间可达性也很高，结合局部尺度上可达性高的特征，该地区有潜力成为片区级的活力中心。因此，地段东侧可能成为地铁新城的门户地带，面向阳澄湖，一线展示新城的高科技和人文特色。此外，地段南侧整体上的空间可达性也较高，不过其局部可达性并不是很高，可以通过改善局部的空间联系，使得该南部边界的空间活力得到较大的提升，从而形成向相城南部过渡的片区中心。

（3）优化策略的重点是在整体层面上强化高铁站东部的可达性，而在局部层面上加强南部的可达性。在此方案中，高铁站点是最强的吸引点，但是其周边的空间结构还未到达最优的状态，表现为整体和局部的可达性都不是很高。因此，该方案空间结构优化的主要方向是，将高铁站点及其周边的空间潜力充分地发掘出来，使其成为该方案中真正的活力中心。这需要在整体层面上增加高铁站点东部街道（澄阳路）与其周边的空间联系，使成为片区级的主要道路；同时，在局部层面上，增加高铁站点南部街道与周边街道的空间连通，使其沿途的街坊块变得更为集约而富有活力。

3.5.4　太湖新城的影响

苏州太湖新城集秀美山水和灿烂的吴文化资源于一体，是苏州最具发展潜力的宝地。正是基于独特的资源禀赋、文化底蕴和千载难逢的发展机会，苏州吴中太湖新城初步明确了三大发展目标：即以"文化传承"为核心，成为世界级文化传承与发扬的文化新城典范；以"服务创造"为核心，成为长三角区域经济转型升级的服务新城典范；以"城在湖上，湖在城里"为核心，成为具有大苏州风范、世界级的太湖新城典范。苏州太湖新城吴中片区规划用地面积 30 平方公里，北至苏州南绕城高速公路，西至木东公路，东部与西部至东太湖梢。其中，太湖新城启动区规划面积 10.03 平方公里，东至东太湖，南至东太湖，西至旺山路，北至绕城高速及友翔路一线。

该部分重点检测了太湖新城对于其周边的影响，以此从小（5 公里）、中（10 公里）和大（30 公里）三个尺度上，对比太湖新城加入中心城区模型前后的效果，预测太湖新城及其周边的空间潜力价值。

（1）太湖新城局部较小尺度的空间结构得以改善。根据小尺度的可达性和穿行性的综合分析（图 58），新城南部的空间结构有明显改善，形成了富有活力、等级有序的方格网道路；该地区内的南北通道得以明确，并延伸到地段之外；东西向的走廊也得以强化，从而改善了该地区周边的局部性联系。

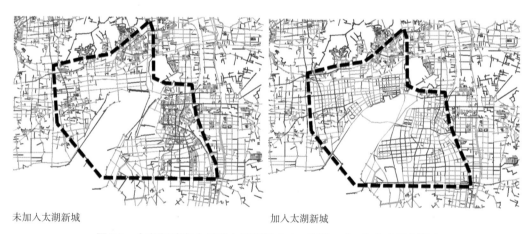

未加入太湖新城　　　　　　　　　　　　加入太湖新城

图 58　太湖新城在小尺度上的影响（左：现状；右：加入太湖新城）

与此同时，新城西侧尽端为"井"字形的空间结构，将形成局部的滨水中西；不过，新城北部仍未形成良好的空间结构，且与周边地区相比较为隔离；此外，原吴江城中心区的局部空间机理反而弱化，未能保持小尺度的活力形态，反而使得可达性较高的空间过于集中在几条主要干道之上。

（2）吴江城中心区的结构在中等尺度上就遭到破坏。根据中等尺度的可达性和穿行性的综合分析（图 59），吴江城中心区的空间结构几近消失，仅仅保持一个大体轮廓，其活力中心向地段以东的方向外移；吴江城中心区南部的路网虽然更加密集，然而其在较大尺度上的空间区位并未得到改善；新城西部和北部（太湖以西和以北部分）

的空间结构虽然得以改善，不过并未形成明确的空间结构。因此，在中等尺度上，该新城的空间结构支离破碎，并未形成一个识别性较强的形态结构，这与现状中丰富的空间构成方式形成了鲜明的对比。

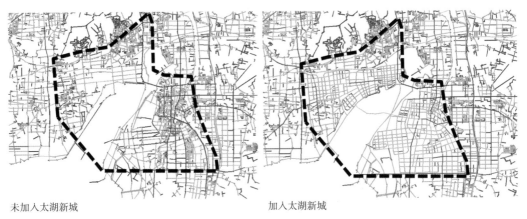

未加入太湖新城　　　　　　　　　　　加入太湖新城

图 59　太湖新城在中尺度上的影响（左：现状；右：加入太湖新城）

（3）吴江城中心区的北部结构在大尺度上被弱化，不过新城出现了明确的南北向中轴。根据大尺度的可达性和穿行性的综合分析（图 60），吴江城中心区的北部空间结构明显弱化，根源是新城在这部分的空间调整过于复杂，而未考虑其与东侧周边环境的空间联系，形成了一个类似"迷宫"的结构。不过，新城在太湖以东的部分形成了明确的南北向中轴线，有助于进一步完善整体空间结构。然而，新城在太湖以西部分的空间结构基本上没有显著改善。

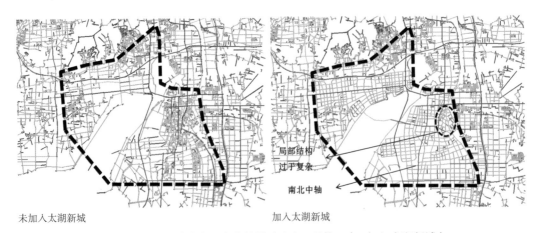

未加入太湖新城　　　　　　　　　　　加入太湖新城

图 60　太湖新城在大尺度上的影响（左：现状；右：加入太湖新城）

（4）优化策略重点在于改善中等尺度的空间结构。该方案的不足在于小尺度的空间布局与大尺度的空间结构之间缺少良好的过渡，从而导致方案在中等尺度上失去了自身的空间连续性，形成了整体与局部之间的空间脱节。因此，对于吴江中心城的更新，需要改变过于关注内部空间组织的倾向，而应兼顾其内部空间构成与周边大尺度街道以及南部组团之间的关系，使其更好地融入周边环境，并担负提升吴江核心区空间品质和区位的重担；而对于太湖以北的部分，需要增加东西向主要轴线与局部街道的连通性，从而形成富有活力的局部性空间中心。

3.5.5　生态新城的影响

苏州西部生态城位于苏州高新区 230 省道以西。作为苏州全市城乡一体化综合配套改革先导区的重要组成部分，西部生态城规划总面积 42 平方公里，其中 15 平方公里区域为建设区。西部生态城将以太湖湿地公园为"绿心"、生态廊道为"绿链"、滨湖景观带为"绿环"，建成一座集旅游休闲、文化创意、民间工艺及高品质居住、办公于一体的低碳生态型山水新城。

该部分检测了生态新城以及高铁线对于其周边的影响，以此从局部（5 公里）和整体（30 公里）两个尺度上，对比生态新城加入中心城区模型前后的效果，预测生态新城及其周边的空间潜力价值。

（1）原有地段中部的局部轴线反而消失。根据局部可达性和局部穿行性的综合分析（图 61），加入生态新城之后，原有地段中部和西端的轴线反而消失，只是在更加偏西北的方向出现了新的轴线，不过较弱，这使得沿太湖部分的滨水空间的区位价值并未提高，因此在该方案中，滨水空间的改善仍然依赖于建立较强的吸引点，例如滨水大型娱乐设施等。

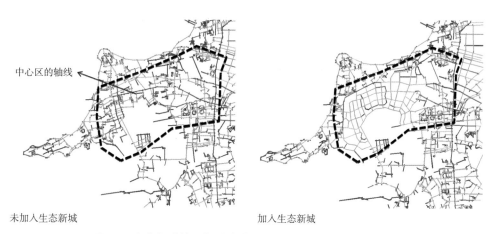

未加入生态新城　　　　　　　　　　　　加入生态新城

图 61　生态新城的局部影响（左：现状；右：加入生态新城）

（2）生态新城北部和西部边界的整体区位略微提高。根据整体可达性和整体穿行性的综合分析（图62），新城北部和西部边界上的空间区位价值稍微提升，隐约形成了具有等级的空间结构，不过并未得以明晰。此外，该空间结构仍然未与滨水沿线有良好的连通性。

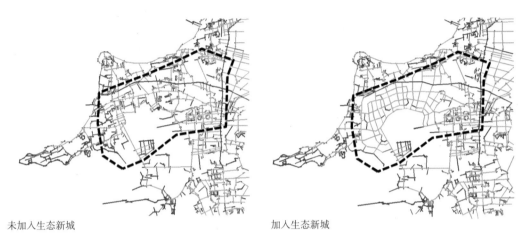

未加入生态新城　　　　　　　　　　　　　　加入生态新城

图62　生态新城的整体影响（左：现状；右：加入生态新城）

（3）优化策略重点在于提升太湖大道、福东路与包围之间的空间联系，增强滨水空间的可达性。该方案在路网形式上强调了面向包围（绿地和水面）的向心性，然而仅落实到图面效果。对于道路之间的空间联系，更重要的在于以包围为中心，优化滨水空间与太湖大道以及福东路之间的便捷快速关联，从而提升滨水空间的可达性，结合大型滨水娱乐休闲设施，形成富有24小时活力的片区级中心。

3.5.6　五年的城市演变

该部分从小（5公里）、中（10公里）和大（30公里）三个尺度上，对比了2008年的苏州模型，以此研究苏州在近五年有哪些重大的空间结构变化，为预测苏州空间结构的发展提供依据。选择30公里作为最大尺度的对比，这是由于2008年的苏州模型的最大范围为30公里。不过，需要说明的是，2008年的空间句法模型的范围要小于现在的模型，因此两个模型不同的边界在一定程度上会影响对比分析结果，不过通过选择恰当的分析半径，将会最大限度地避免边界效应对分析的影响。

（1）在大尺度上，目前苏州古城与四周的关系更为密切，初步呈现出南北向带型发展的趋势。根据大尺度的可达性和穿行性的综合分析（图63），对比2008年的图示，目前苏州古城向四周延伸开来，特别是向南北两个方向整合；不过这种向四周整合的趋势也表明了古城区的空间压力更大。此外，相城区出现了明显的空间轴网结构，这说明该地区的发展较为成熟；园区和新区也出现了次中心的雏形。以上对比说明了这五年的实际建设促进了苏州的中心向姑苏区南北两侧转移，而姑苏区东西两侧的城市次中心并未打造出来。

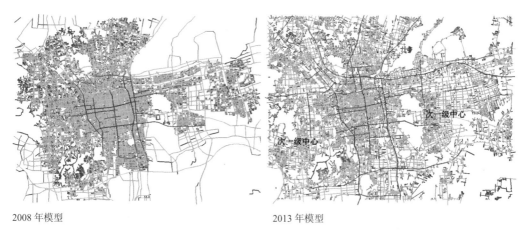

2008 年模型　　　　　　　　　　　　　　　　　2013 年模型

图 63　大尺度综合模式的对比（左：2008 年；右：2013 年）

（2）在中等尺度上，苏州向北、向东发展较为明显。根据中等尺度的可达性和穿行性的综合分析（图 64），目前相城区的空间区位得以较大提升，形成了良好的空间结构雏形，并且与古城的关系变得更为密切；园区内部的空间结构也得以改善，特别是金鸡湖东西两侧的空间区位有所提升；然而，新区内部的空间结构反而有所弱化，与古城的关系并未得到强化。这说明了，在片区层面上相城的中心性明显提高，吴中次之，园区再次之，而新区反而有所下降。

2008 年模型　　　　　　　　　　　　　　　　　2013 年模型

图 64　中尺度综合模式的对比（左：2008 年；右：2013 年）

（3）在小尺度上，目前苏州古城（含吴中部分地区）的空间结构仍然最为完整，而相城区出现了格网空间结构的雏形。根据小尺度的可达性和穿行性的综合分析（图65），古城格网空间结构保持良好，且在其中心区得以强化；相城出现了格网空间结构的雏形，结合今后高铁新城的开发，该地区有潜力形成次中心；园区的局部结构得以改善，不过并为形成格网状的局部中心；新区的空间结构反而被削弱，变得不明晰；而吴中地区的结构则进一步向古城靠近，南北两部分的区位差异反而增大。

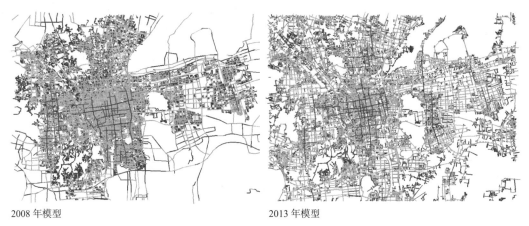

2008 年模型　　　　　　　　　　　　　　　　　　　2013 年模型

图 65　小尺度综合模式的对比（左：2008 年；右：2013 年）

3.6　小结

该研究从区域、市域、市区三个范围对苏州进行了定量和定性的分析，认为苏州有潜力成为长三角空间结构网络的一级重要中心，在不同尺度上具备不同的提升潜力；同时，也对不同的局部规划方案进行了评估，提出了相应的优化措施。下文将对此进行简略的总结，便于快速地查阅该研究的主要结论。

（1）区域尺度上，苏州具备以下空间特征：首先，长三角区域网络化过程中苏州形成了"放射＋环"的雏形；其次，三条东西向通道（即沪宁、沿江和沪湖通道）在苏州的不同空间表征；再次，南北通道较弱，却具备改变苏州区域价值的潜力；最后，相对于长三角区域中的其他重要城市，苏州市域松散的多中心空间模式。

根据其现状空间结构特征，提出了如下优化策略：首先，沪宁通道空间压力宜分散，优化沿途空间品质，重点围绕铁路站点进一步优化功能和空间格局；其次，沿江通道宜强化城镇尺度连通性，重点优化城镇和工业园与该通道的局部空间联系；再次，沪湖通道宜强化市域和城镇尺度连通性，优化其与沿途城镇和乡村的空间联系；最后，宜绕开苏州古城，开辟新的南北向通道，强化南通－苏州－杭州／宁波的空间联系，并可穿过苏州中心城区的高新区、园区，或昆山，以此带动吴江地区的战略发展，进一步完善苏州多中心的格局。

（2）市域尺度上，苏州具备以下空间特征：首先，非匀质集约发展与空间结构"各自为政"之间的矛盾；其次，市域范围内苏州中心城区中心的空间压力过大；最后，不完整的多中心空间网络，例如昆山和太仓游离在整个市域空间结构之外，而工业园区构成了苏州老城区与昆山之间的空间"断裂带"。

根据上述现状空间特征，提出了如下优化策略：首先，改善沿江通道，以强化横向联系。沿江通道的潜力在于进一步提升港口产业带，强化与上海的对接，建构张家港、常熟和太仓之间更紧密的横向联系，从而缓解穿过中心城区的沪宁通道的压力。其次，优化常熟东部水乡地区空间结构和产业布局。常熟东部的道路网密度较大，而其可达性和穿行性都较低，影响了沿江通道发展的潜力。优化该地区与周边的连通程度，有助于改善其工业布局。再次，提升昆山与吴江地区的联系，建构新的南北通道。结合吴江地区东部旅游产业的提升，可完善昆山江浦路或东城大道与吴江的联系，形成新的南北通道，从而在市域层面上使得南北方向的空间通道向东转移，并考虑远期与宁波湾的战略关系。最后，完善吴江的水网和绿网结构，保护特色格局。

（3）市区尺度上，苏州具备以下空间特征：姑苏区（包含古城）的中心性过强，带来了过度的空间压力；园区的空间区位较好，但空间布局过于隔绝；新区缺少中心城区级别的空间中心；相城的空间区位较好，但其布局略显隔绝；吴中和吴江的空间区位相对较差，不过都具备较高的空间穿行潜力。相城、园区、吴中、吴江以及新区存在一些空间上的"断裂带"，即这些地区中局部的可达性或穿越性急剧降低的地带。

根据上述现状空间特征，提出了如下优化策略：首先，激发园区和新区的空间潜力，引导形成姑苏区东西两侧的中心城区级中心。其次，优化围绕姑苏区的其他五个区之间的横向联系，形成"中环"，并激发各自的活力中心。该"中环"的概念并不是环形的快速干道，而是在其他五个区彼此之间的边界上改善连通，形成五个区之间疏密有致的环形带，包括主要路径周边的道路网和各等级中心，并且不是匀质蔓延的。再次，在姑苏区外围的各区引导建构片区级中心。最后，在社区层面上改善姑苏区边界上的空间构成，结合水系重塑，形成局部的蓝色活力中心。

（4）规划轨道线对苏州的影响和优化策略如下：首先，区域轨道线强化上海与苏锡常之间的空间联系，使得苏州市域北部网络更加成熟；其次，市域和中心城区的轨道线网强化了姑苏区的中心性，有可能加剧了古城区的拥堵；最后，轨道交通选线需考虑改善以姑苏区为中心的放射状道路形态，增加绕过姑苏区的环形路线。

（5）潜力节点对苏州空间结构的影响包括如下两点：首先，通过改善园区与相城、吴中的空间节点联系，园区形成南北向次中心的潜力较大；其次，通过改善新区与吴中、吴江的空间节点联系，新区和吴中西部形成南北向次中心的潜力不大。

（6）高铁新城对苏州的影响和优化策略如下：首先，高铁新城中心地带形成了局部的"十字轴"结构，并在高铁站东侧形成局部的活力中心带；其次，高铁新城边界上的整体空间区位价值得以提高，其东侧和南侧有潜力成为片区中心；最后，优化策略重点是，在整体层面上强化高铁站东部的可达性，而在局部层面上加强其南部的可达性。

（7）太湖新城对苏州的影响和优化策略如下：首先，太湖新城局部较小尺度的空间结构得以改善；其次，吴江城中心区的结构在中等尺度上就遭到破坏；再次，吴江城中心区的北部结构在大尺度上被弱化，不过新城出现了明确的南北向中轴；最后，优化策略重点在于改善中等尺度的空间结构。

（8）生态新城对苏州的影响和优化策略如下：首先，原有地段中部的局部轴线反而消失；其次，生态新城北部和西部边界的整体区位略微提高；最后，优化策略重点在于提升太湖大道、福东路与包围之间的空间联系，增强滨水空间的可达性。

（9）2008年至2013年空间结构变化情况：首先，在大尺度上，目前苏州古城与四周的关系更为密切，初步呈现出南北向带型发展的趋势；其次，在中等尺度上，苏州向北、向东发展较为明显；最后，在小尺度上，目前苏州古城（含吴中部分地区）的空间结构仍然最为完整，而相城区出现了格网空间结构的雏形。

根据最近空间结构的演变趋势，可以判断苏州空间结构的优化重点在于：进一步强化南北向走廊的发展态势，从而与园区东西向发展的优势路径更密切地结合，完善多中心组团格局；在姑苏区东侧打造城市级中心，并且在吴江区强化与上海虹桥区的战略性快速空间联系。

第 4 章　湖州多尺度的可持续发展结构

延续上一章的苏州案例的实践方法，本章以"两山"理论的诞生地湖州为案例，重点关注空间结构的可持续发展，探讨节点与边缘、单一与双向、蛙跳式带型发展以及江南水网再利用等绿色发展模式，并认为空间结构的整体性是可持续发展的重要特征之一。

4.1　研究问题与方法

城镇空间结构的可持续发展正是"绿水青山就是金山银山"的一种探索。一般而言，城市空间结构包括两个方面的关注点：一是空间中心，即空间聚集各种功能的潜力；二是不同类型的空间发展方向，即类型空间未来生长与延伸的潜力。那么，空间结构的可持续发展是识别出那些中心性结构和发展方向，既能推动绿色发展，又能强化经济交流的深度。本章的空间句法专题研究是 2017 年至 2018 年配合中国城市规划设计研究院湖州总体城市规划的项目，其重点是优化空间结构，多尺度地提出研究问题：（1）区域层面上，湖州和长兴县的空间区位与发展方向如何，以及轨道交通时代下发展的潜力？（2）市域层面上，湖州和长兴县的空间格局及其走向如何？（3）城市层面上，湖州和长兴县各种空间格局及其发展中心如何？湖州和长兴县本身的空间结构分析与预判需要放在更为广阔的背景中考虑，才能发现其区域的优势与挑战。本章建立了长三角的空间句法模型，将湖州与长兴县植入长三角的背景之下，研判湖州与长兴县的空间格局、潜力中心和发展方向。这三个方面彼此联系，体现为不同尺度上的互动。在区域范围内，该分析更多地关注从 500 公里到 100 公里的互动；在市域层面上，该分析更多地关注从 200 公里到 20 公里的互动；而在城镇层面上，该分析更多集中于从 100 公里到 10 公里的互动。此外，在区域层面上还进行了有无轨道交通的情形之间的对比，用于剖析轨道交通对空间格局的影响。

4.2　长三角区域层面上的空间可持续性

4.2.1　从边缘走向网络节点的整体格局

基于非轨道交通的空间网络，从空间效率和空间整合度来看，湖州与长兴县都处于长三角的空间边缘，这源于皖南和浙西的山区以及太湖等区域空间格局的限制因素。从 500 公里的空间效率而言（图 66），长三角的龙头还是上海，向西北和西南方向放射，"上海 - 苏锡常 - 南京"这条沪宁走廊还是明显强于其他方向的走廊；同时形成环状圈层结构，包括上海外环以及"南通 - 苏州 - 嘉兴 - 宁波 / 绍兴"；此外，隐约可发现环太湖的通道，以及"常州 - 宜兴 - 长兴 / 湖州 - 杭州 - 宁波"这个大环。然而，从湖州和长兴县的角度来看，它们还是位于整个长三角区域的边缘。

图 66 区域空间效率分析（500 公里，无轨道交通）

从 500 公里的空间整合度的角度来看（图 67），长三角的空间可达性高的地区位于太湖以东，特别是上海浦西、苏州、嘉兴构成的三角形上，湖州明显位于区域可达性的边缘，湖州以南的可达性尤其弱，而在未来反而可转化为某种优势，因为可达性不高的地方具备做最高端服务产业的可能性，如高级别国际交往庄园、高端研发中心、高端别墅等。从 200 公里、100 公里的空间整合度来看（图 68、图 69），湖州与长兴县的空间边缘化也尤为明显，而上海的龙头地位则越来越显著。

加入轨道路网之后，500 公里半径下的空间效率与空间整合度都发生了较大的变化（图 70a、图 70b）：更为均等化的网络格局出现了，特别是太湖西侧的空间可达性增强；城市之间的联系明显地强化。因此，在网络化的同时出现了城市更为极化的现象。湖州和长兴县有机会成为长三角网络的重要节点。

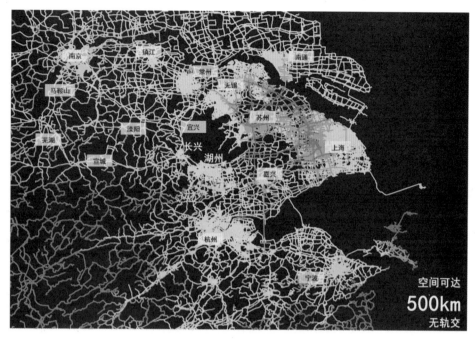

图 67　区域可达性分析（500 公里，无轨道交通）

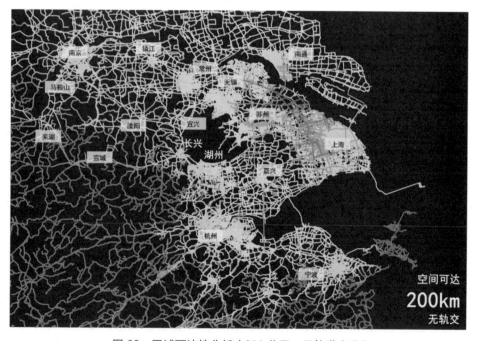

图 68　区域可达性分析（200 公里，无轨道交通）

图 69　区域可达性分析（100 公里，无轨道交通）

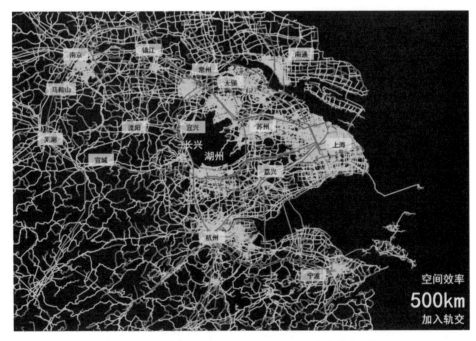

图 70a　区域空间效率分析（500 公里，有轨道交通）

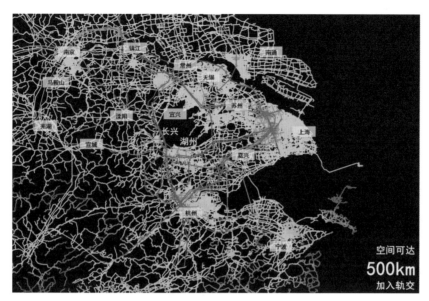

图 70b　区域可达性分析（500 公里，有轨道交通）

4.2.2　从单一向双向的发展方向

基于非轨道交通的空间网络，从不同半径看待湖州和长兴县的空间发展方向。在 500 公里（图 66），湖州和长兴县的主导方向均为东向，即上海方向；湖州和长兴县的潜在发展方向为"杭州－南京"以及"上海－合肥"的走廊。

在 200 公里（图 71），湖州和长兴县还是与上海的关联更为密切，处于上海空间辐射的末端；长兴县的空间区位要弱于湖州，不过对于"南京－溧阳－宜兴－长兴－杭州"这条空间走廊将有一定的依赖性；南太湖地区中的"上海－吴江－湖州－长兴"以及"上海－嘉兴－湖州"两条空间走廊有所增强；此外，湖州与杭州之间的空间走廊在明晰化。这说明了 200 公里的尺度上，杭州对湖州的空间影响力增强。

在 100 公里（图 72），即在长三角核心区域的尺度上，北太湖地区的空间效率明显强于南太湖地区，即上海、苏州、无锡、常州之间的空间联系强于上海与嘉兴、湖州、杭州的空间联系。在一定程度上，这也体现了南太湖地区的生态环境更好。此外，在这个尺度上，湖州／长兴与杭州之间的空间走廊得以较大的强化，有潜力形成"湖州－杭州－嘉兴"这个三角形的空间结构。

加入轨道网络之后，空间走廊得以明晰化，湖州与长兴县作为交通枢纽的地位更为明显。在 500 公里（图 70a、图 70b），强化了"南京－湖州／长兴－杭州－宁波"一线上湖州与长兴的空间区位；强化了"常州－湖州／长兴－杭州－宁波"一线上湖州与长兴的空间区位；强化了"上海－湖州－宣城－合肥"一线上湖州的空间区位；强化了环太湖圈上湖州／长兴的空间区位。

图 71　区域空间效率分析（200 公里，无轨道交通）

图 72　区域空间效率分析（100 公里，无轨道交通）

在 200 公里（图 73），湖州与上海的空间联系还是最为密切；同时，"南京 – 杭州 – 宁波"与"常州 – 杭州"两条空间走廊在湖州、长兴、宜兴地区更为密切地交织起来，推动了南太湖地区向西北和东南方向进一步延伸；嘉兴与湖州的空间联系变得更为突出；不过，湖州与合肥方向的空间潜力并不显著。

在 100 公里（图 74），轨道交通强化了南北太湖两个地区内各自的空间联系；东太湖地区的空间联系也得以加强；湖州 / 长兴与杭州的联系也更为密切。因此，轨道交通在很大程度上加快了湖州／长兴向杭州或南京或常州方向发展，除上海之外，其空间发展方向有更多的选择。

图 73　区域空间效率分析（200 公里，有轨道交通）

图 74　区域空间效率分析（100 公里，有轨道交通）

总而言之，在区域层面上，湖州的主导发展方向仍然是东向；不过长兴县由于受到更多来自"南京－杭州－宁波"的影响，在区域上选择向南，并与湖州主城区的西侧、德清、杭州一线主动衔接，将有利于其空间发展。

4.2.3　外围的协同中心

区域层面上的发展格局和发展方向在很大程度上取决于某些重要协同中心的崛起，跨越行政边界主动对接周边的潜力中心，将会起到激活自身发展的作用。在分析 500 公里加入轨道线网时（图 71），"杭州 – 常州 – 上海"这个大三角格局在形成中将上海的辐射向苏中、苏北和浙北方向进一步延伸，其中湖州 / 长兴需要积极对接常州、杭州这两个协同中心。

在 200 公里（图 73），"杭州 – 嘉兴 – 湖州"形成了小三角格局，其中嘉兴也是湖州向东发展的重要协同中心；在 100 公里（图 74），即大约为湖州与上海之间的距离，嘉兴的协同作用仍然体现出来，起到承接上海向湖州方向辐射的作用。嘉兴在此，类似于苏州对于苏锡常的作用。因此，在相对较小的尺度上，湖州需要积极协同嘉兴的空间发展，包括桐乡这个节点。

4.3　市域层面上的空间再现

市域层面上的空间分析有利于理解湖州和长兴县与其周边县区之间的关系，从而挖掘出市域层面上空间布局对湖州和长兴县本身的空间结构可持续发展的影响作用。

4.3.1　不规则的"丁"字形

在市域层面上，湖州的空间结构大体呈现为不规则的"丁"字形（图 75），即湖州中心城区与长兴县沿太湖形成了近似东西向的带型城市，同时又沿湖州中心城区的西侧向德清、杭州方向适度延伸。"丁"字的横轴强于纵轴，并且随尺度的降低，横轴更为凸显，而纵轴则更为收缩。此外，这一横的东侧要强于西侧，通苏嘉走廊则进一步强化了这种趋势。

因此，湖州市域的空间格局围绕这一不规则的"丁"字形进一步演化，需要多方位地完善这个空间格局，特别是强化纵轴联系湖州与杭州的作用，同时又不破坏水网绿隔。

4.3.2　蛙跳式的带型发展

在 200 公里（图 75），湖州中心城区的北侧沿太湖的空间走廊要强于其南侧的空间走廊，沿湖一线展开发展具有一定的优势；南浔、桐乡、嘉兴之间存在空间上相互支持的潜力，便于更好地承接上海向南太湖方向的空间辐射。在 100 公里（图 76），长兴、杭州、嘉兴这个小三角有可能成立；"湖州西侧 / 长兴 – 德清 – 杭州"这条走廊更为突出，其中德清的空间枢纽位置显现出来；杭州萧山区、余杭区通过桐乡或双林镇方向与湖州东侧的联系可强化，有潜力成为通向太湖的东线走廊；安吉与长兴县的南侧可进一步优化联系。

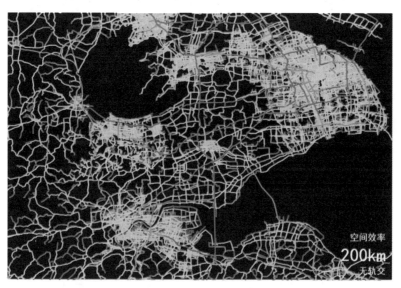

图 75　市域空间效率分析（200 公里，无轨道交通）

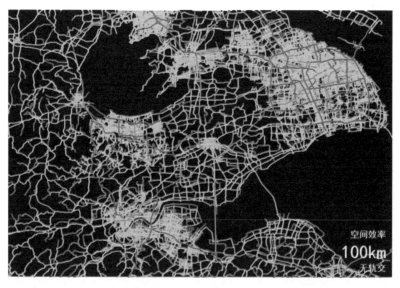

图 76　市域空间效率分析（100 公里，无轨道交通）

在 50 公里的尺度下（图 77），长兴县与湖州的联系强化，沿太湖的带型城市趋势明显；湖州中心城区的西侧空间区位要好于东侧，这与区域上的分析有差别，因为区域上东侧要好于西侧，这带来了发展方向的困惑。此外，在这种尺度上，湖州与嘉兴、桐乡、杭州的联系变得非常弱，反而嘉兴的南侧出现了新的中心。这说明了湖州与长兴县一体化发展的尺度在 50 公里的层面上，且湖州中心城区的西侧需要与长兴县良好对接。

图 77　市域空间效率分析（50 公里，无轨道交通）

在 20 公里上（图 78），湖州中心城区自成体系，带型城市的模式非常明显，且西侧强于东侧；湖州南侧农田和村镇中存在一条东西向的空间传递，即菱新公路，具有连通那些南北向绿色走廊的潜力，将进一步强化整体空间网络结构；而长兴县在靠近太湖的方向具有较大的发展潜力。

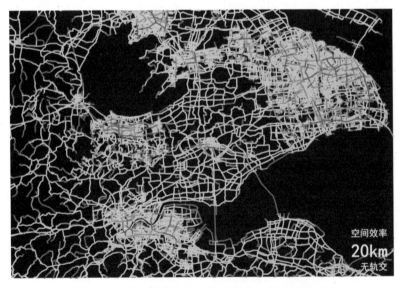

图 78　市域空间效率分析（20 公里，无轨道交通）

4.3.3　多尺度的中心

在不同的尺度上，重点发展的中心得以识别，判断出市域层面上发展的重点。在200公里（图75），德清的进一步强化可促进湖州西侧，以及长兴县与杭州之间的长期空间发展合作。在100公里（图76），桐乡、双林镇或乌镇的强化有利于湖州向东的发展，而安吉则可对接长兴县向南发展的趋势。在50公里（图77），湖州中心城区南侧的各个节点可发展出影响力较大的地区。

4.4　市区层面上的空间再现

市区层面上的空间分析有利于理解湖州中心城区和长兴县城内部的空间结构，从而挖掘出市区内部空间发展方向与重要潜力中心节点。

4.4.1　南北两翼精准化的发展重点

在市区层面上，湖州中心城区明显是沿太湖呈带形发展，其南北两翼空间禀赋有所差异，发展重点稍有不同；而长兴县城则是该带形发展的西北端，就其本身而言更多是集中组团状。在200公里（图79），湖州中心城区北侧沿湖一带的空间区位更好，区域性的娱乐和旅游设施可沿此布局；而长兴县城东侧和北侧的区位更佳，可结合目前的高铁站和县政府等进一步聚集区域性的功能资源。

图 79　市区空间效率分析（200 公里，无轨道交通）

在 100 公里（图 80），湖州中心城区的南北两翼空间潜力都较强，城区边缘适合布置一定数量服务于较大区域范围的商业、办公、娱乐、休闲等设施，且东侧南浔组团可与乌镇积极对接，强化中心城区南翼的空间区位；湖州中心城区的东侧与杭州和长兴县的空间联系都较为紧密，正好是市域"丁"字格局的交叉部分，适合结合湖州高铁站发展区域性的高新技术产业；湖州中心城区也明显分为老城区、吴兴区、织里以及南浔组团，而且沿湖盐公路和旧重线向南部延伸；长兴县南侧具有较好的区位优势，适于结合现有的工业升级和长兴南站，向南进一步发展。

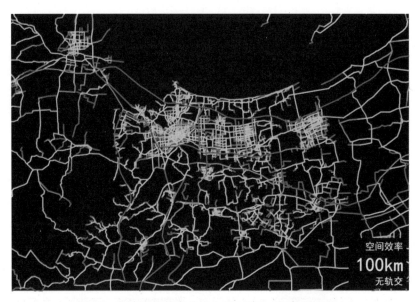

图 80　市区空间效率分析（100 公里，无轨道交通）

在 50 公里（图 81），湖州中心城区的四个组团更为明显，分别为湖州高铁新城区、老城区、吴兴与织里、南浔；湖州中心城区南翼的空间区位变得更佳，并且形成了从南向北发展的活力通道，结合南侧的轨道交通站点，可进一步强化南翼的发展，衔接中心城区与南部水网村庄之间的空间过渡；南浔南侧出现了空间效率较高的南北向轴线，适当地向南侧引导到乌镇，可强化"乌镇–南浔–太湖"一线的旅游轴线，实现共赢；湖州高铁站附近也出现了空间效率较高的空间，适合向南部发展，并承接带型城市向西发展的趋势；在这个尺度上，长兴县东侧的区位更强，沿太湖的发展更为有利。

在 20 公里（图 82），湖州中心城区沿太湖发展的空间区位优势减弱，而南翼发展优势进一步增加，可判断中心城区南翼适合发展更多服务于中心城区的公共职能；老城区的北侧和东侧都有较好的空间区位优势，结合现有的存量空间进一步优化功能结构；南浔与织里之间出现了较强的东西向联系通道，它们之间的绿带需要加以保护控制，宜进一步强化南北向的走廊，打通南北水网与太湖之间的旅游走廊；长兴县东侧仍然是空间潜力发展较高的地区。

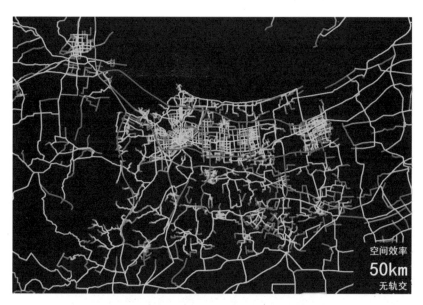

图 81　市区空间效率分析（50 公里，无轨道交通）

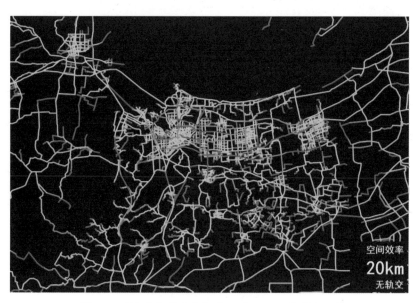

图 82　市区空间效率分析（20 公里，无轨道交通）

　　总而言之，湖州中心城区北翼沿太湖一侧具有区域性的空间潜力，适合发展服务于环太湖流域的旅游休闲服务设施；而湖州中心城区南翼则具有更多服务于市域和市区层面上的空间潜力，适合发展更多服务于中心城区的公共服务设施和商业设施，并同时衔接中心城区与南部水网地区的过渡发展。长兴县城则仍然属于湖州中心城区带型发展的一部分，其南侧在较大区域尺度上有发展的潜力，适合高科技工业制造的产业升级；而其东侧可结合太湖，发展更多区域型的旅游服务功能。

4.4.2　市区活力中心

　　结合中小尺度的分析，湖州中心城区和长兴县的活力中心可得以识别。在 10 公里半径下（图 83），这基本上覆盖了整个中心城区。可发现老城区、织里、南浔都出现了较为完整的空间结构；老城区以几何中心为出发点，先北、西、东方向延伸，特别是向北发展的空间趋势强烈，一直延伸到太湖边；织里向南发展的趋势明显；南浔内部则呈现"井"字格局，具有一定潜力向南发展；而吴兴的南侧与和孚镇有较为强烈的联系。对于长兴县城而言，其东南部分存在较高的活力。

图 83　市区空间效率分析（10 公里，无轨道交通）

　　在 5 公里（图 84），邻里级的中心出现，呈现多中心的格局。老城区是一南一北，两个中心；吴兴仍然是向和孚镇偏向，在和孚镇出现了较为明显的中心；织里也出现了两个中心，一个靠北，另一个偏向东南角；南浔古镇部分则更为突出。

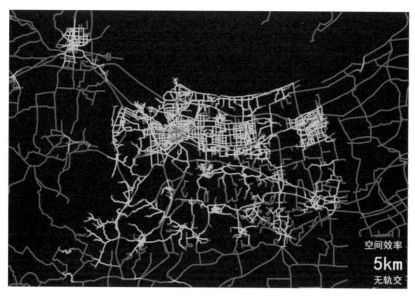

图84 市区空间效率分析（5公里，无轨道交通）

在30公里尺度上考虑轨道线网的结合（图85），可发现湖州中心城区的南翼明显得以加强，出现了三个中心，即高铁站以南的中心、老城东侧以南的中心以及南浔东南角的中心。因此，再次证实湖州中心城区的南翼将形成城市级别的商务、旅游、娱乐、办公等中心。此外，轨道交通也强化了长兴县东南侧的区位价值，将形成中心等级明确的格局，即东侧为县城主中心，南侧为次中心，北侧为社区级中心。

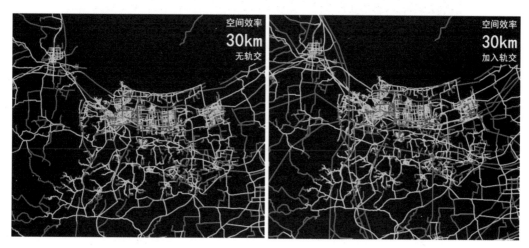

图85 市区空间效率对比分析（30公里。左：无轨道交通；右：有轨道交通）

结合多尺度的分析，可以认为：各自顺沿南北向走廊，老城区（中央与东侧方向）、织里（中央方向）以及南浔（中央方向）向北，与太湖走廊相交的地区，可形成区域级服务于旅游休闲的中心；湖州高铁站向南、老城区东南角、吴兴与和孚镇之间，以及南浔东南角，可形成城市级的商务办公和公共服务中心。与之同时，长兴县东侧的太湖沿岸地区适合区域型的旅游休闲中心，而南侧适合高科技办公生产等研发与物流中心。

4.5　水网空间再现

针对湖州市域丰富的水网体系，识别水系空间格局和结构，有利于充分利用水网体系再现湖州的水文化和水生活，将其蓝绿慢生活网络融入湖州的未来发展之中。

4.5.1　水系Π形格局

在整体层面上（100公里）（图86），水系呈现出以湖州老城区为中心的"Π"形。横向是自西而东串联了林成、红星桥、湖州老城区、织里、南浔等；西侧一竖线较弱，从红星桥延伸到安吉和孝丰；东侧一竖线较强，从湖州老城区延伸到洛舍、乾元、德清等。

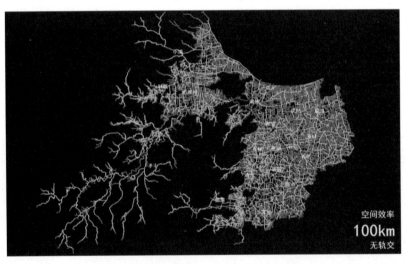

图86　水系空间效率分析（100公里）

在50公里层面上（图87），东侧的水系结构明显强于西侧，虽然湖州老城区仍然是这两侧联系的关键节点。西侧的林成部分变得更为强烈；而东侧出现了明显的两横两纵的格局，即湖州老城区 - 织里 - 南浔、和孚 - 双林 - 乌镇、湖州老城区 - 洛舍 - 乾元 - 德清以及和孚 - 菱湖 - 钟管 - 雷甸。这一大格局在30公里上仍然较为明显。

总而言之，在较大尺度上，可以发现太湖沿岸的水系并未有机地联系到湖州中心城区或长兴县城以南的水网之中。因此，积极主动地疏通并完善建成区、水网以及太湖沿岸的水系，特别是强化南北向的水系，将会促进水系良性循环，并可促进水上旅游休闲等产业。

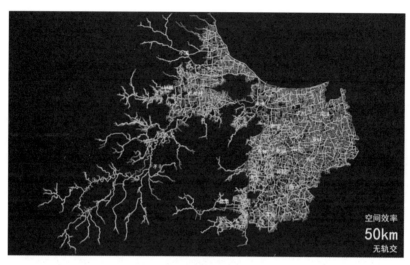

图 87　水系空间效率分析（50 公里）

4.5.2　东西两翼的多中心节点

在 20-30 公里（图 88、图 89），西侧出现了林成、红星桥、长兴县城的三角格局；在 20 公里（图 88），东侧出现了南浔以南的十字轴结构、以乾元为中心的放射格局，以及和孚中心的十字轴。这些次一级的结构丰富了水系的格局。此外，水系与城镇和村庄的选址密切相关，湖州老城区曾作为水路交通枢纽，目前仍然可以在水系分析中发现这一点。结合水生态和水文化的完善，识别出水系统的中心节点，有利于优化水系结构。

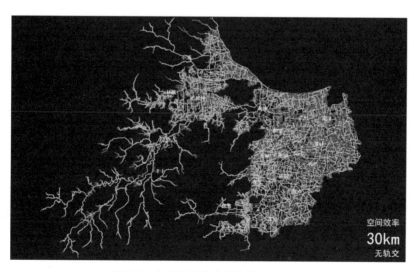

图 88　水系空间效率分析（30 公里）

　　湖州老城区本身向各个方向的水系联通需要进一步强化，特别是湖州老城区与西侧水系的沟通尤为重要（图 89）。西侧除了长兴县城、红星桥和林成三个中心需要强化之外，安吉的水系联通的优化也是重点之一。这有利于西侧水系向南的延伸，以及促进下游的水循环。东侧则需要强化合孚、乾元、菱湖和南浔，结合生态旅游，培养新的村镇旅游文化中心，同时也有利于水系的完善。

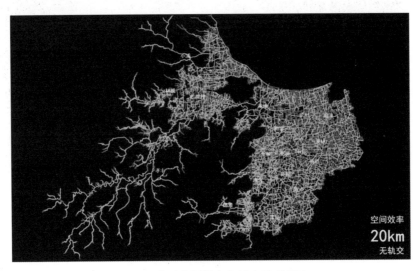

图 89　水系空间效率分析（20 公里）

4.6　小结

　　本章从区域、市域、市区的角度对湖州及其长兴县进行了多尺度的分析，形成了不同尺度下的"创造现象"，我们在设计过程之中对这些现象进行了描述性回溯，重点识别其网络空间结构的特征，形成了如下要点。

　　首先，在长三角区域层面上，既存在"南京 – 上海 – 杭州 – 宁波"这个"之"字格局，也存在"苏州 – 嘉兴 – 上海"这个"小三角"格局，不过湖州 / 长兴只是其边缘。然而，在"常州 – 杭州 – 上海"这个"大三角"格局中，以及"南京 – 杭州 – 宁波"这条弧形上，湖州和长兴则能发挥更为重要的作用。此外，湖州 / 长兴还处于环太湖圈和"上海 – 合肥"走廊之上。因此，湖州 / 长兴在长三角进一步发育的过程中，特别是轨道交通进一步成熟后，将承担网络中心节点的作用，触发点将是嘉兴、常州和杭州。湖州和长兴县宜在区域层面上强化与这些触发点城市的空间和功能联系。

　　其次，在市域层面上，呈现出不规则的"丁"字结构，"湖州 – 长兴"沿太湖构成了一横，而"湖州 – 德清"则构成了一纵。结合水系的"Ⅱ"字结构，优化南北向通向太湖方向的蓝绿通道，限定组团规模，变得尤为重要；其中德清、和孚、乾元、菱湖、红星桥等节点需要进一步完善，建构以轨道交通、水上交通以及绿色慢行交通为主的空间结构体系。

最后，在市区层面上，充分挖掘湖州中心城区南北两翼的空间潜力与特质。沿太湖一线的北翼具备区域尺度的空间区位，适合服务于区域层级的旅游、休闲、娱乐、会议等功能；而湖州中心城区南翼则结合轨道线网的建设，具备城市尺度的空间区位，适于放置商业、办公、娱乐、公共服务等城市级设施。这一线可形成三个节点：湖州高铁站以南适合高新企业与综合服务；老城区东南角与和孚镇一线适合城市商业办公、体育以及休闲；南浔东南角结合乌镇，适合旅游休闲、会议医养等。

而长兴县城宜向东和向南发展。其东侧空间区位和环境禀赋较好，结合高铁可发展商务旅游休闲等；其南侧空间区位次之，不过具备一定的腹地优势，适合提升工业板块，促进科技型研发的转型，改善水系联通，推动与安吉的空间联动。

在上述的总结中，空间网络结构的识别一直都是主线，目标是将分散在空间中的特征整合成更为整体性且更为可持续发展的空间模式，便于我们在设计过程中不断地把握更为全局性的特征。与此同时，我们不断地调整度量尺度，对空间的分析范围进行选择，观测不同尺度上空间之间的关系变化情况，感知不同尺度上更为整体性的空间网络的演变，自下而上识别出较为整体的空间模式，而不是先入为主地设置某个整体性的形态定势，如方格网或放射网。因此，基于网络模式的生成逻辑将有助于我们将空间感知的模式转换为可持续发展背景下的空间设计思路。

第5章　伦敦金丝雀码头的社会空间更新

大规模城市更新已逐步被很多学者意识到是一种容易破坏城市原有整体空间结构，可能降低城市活力和减少多样性，并且常常加剧社会群体分隔的城市更新方式，但是最近几年在环太平洋圈和欧洲中心城市中，大规模的城市更新如雨后春笋般出现。如何减轻甚至消除大规模城市更新中不良的社会效益是一个普遍的课题（Hall，1998；Olds，2001；Altshuler and Luberoff，2003）。虽然很多研究从城市经济、城市管理、城市政策以及城市生态等角度给予了回答，城市空间形态网络是否影响大规模城市更新后的社会整合？本章运用空间句法理论和方法初步比较研究伦敦最大的城市更新项目——金丝雀码头在1991年和2001年不同的城市空间形态网络，不同的贫富人群分布，以及它们之间内在的联系，以此简要地解释大规模城市更新形成的城市空间网络对社会整合的影响。

5.1　金丝雀码头更新的背景

伦敦道克兰区是20世纪末西方最大的城市更新工程，面积为22平方公里，西起伦敦中心区，即老金融城，向东沿泰晤士河延伸10.8公里，各个部分差别很大，既有中世纪的城市地区，又有衰败的工业码头区，也有大片的绿地以及水体，并且混杂在一起，其西北部属于陶尔哈姆莱茨（Tower Hamlets）区，东北部属于纽汉（Newham）区，而泰晤士河南部属于南岸（Southwark）区（图90）。在历史上，道克兰区的国际航运、码头工业和交易的繁荣，带动了世界商业与金融贸易中心——老金融城。从20世纪60年代到70年代末，随着集装箱以及大型货轮的兴旺，东伦敦道克兰区内的各个码头逐步衰败，进而关闭，东伦敦失去了15万个工作岗位，占该地区的20%，特别是与港口码头相关的产业遭到重创，包括货运物流、食品加工等。经过30多年的改造，它焕发一新（图91），成为伦敦新金融中心的所在地，不仅继续维持了伦敦作为"世界城市"的地位，而且成功地完成了产业升级，带动了当地经济与社会的发展，也在一定程度上解决了当地的社会问题，惠顾了当地居民（LDDC，1998；Hall，2002）。然而，其规划思想在城市更新过程中不断调整，特别是变化的规划思想体现了整体与局部利益的冲突与合作。

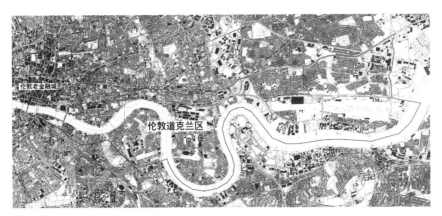

图 90　伦敦道克兰区总图（根据伦敦 2001 年电子地图绘制）

图 91　从伦敦道克兰区西端 Wapping 住宅区向东看，最高楼所在地为新金融区

5.1.1 "非规划"理论

　　1969 年 3 月，彼得·霍尔以及其他学者针对城市衰败的问题，提出了"非规划"的概念，认为在复兴城市的过程中可以采用一种极端方式，将地方规划的限制降至最低，甚至取消那些规划限制，对外来的资本、工商业以及外来劳动力等各种因素完全开放，让完全自由的市场力量来启动衰败地区的复兴计划。当时，彼得·霍尔认为

英国的福利政策是不容许这种基本完全市场经济的城市更新方式，这种"非规划"的理念仅仅是个理论模型而已（Hall，2002）。

然而，1979年保守党的撒切尔夫人上台执政，主张自由的市场经济带动城市复兴，因此1981年成立的道克兰区几乎就是建立在这种"非规划"的理念之上，不仅是让完全自由的市场力量主导码头区的更新，而且几乎取消了当地政府制定的各种规划限制（LDDC，1998）。其实，道克兰区合作开发区的建立本身就是试图让规划和开发过程绕过当地政府和居民，这也是其后来遭到批判的主要原因。然而这个想法又是针对1981年之前该地区的规划争论与城市的持续衰败。在建立开发区之前，大伦敦政府以及各个地方区政府已经意识到了道克兰码头区的衰败，制定了不少复兴规划计划。特别是1973年大伦敦政府委托特拉弗斯·摩根（R. Travers Morgan）制定了5套整体规划方案，基于传统的用地规划，其中包括14万人口的新城方案，偏重社会住宅的东伦敦地区方案，偏重办公、服务业、商品房以及快速轨道交通的方案，偏重发展轻工业与绿地公园的方案以及偏重码头沿河住宅区的方案等，但是最终都未被普遍接受。特别是在这个时期，规划理念已经发生了巨大的变化，由偏好自上而下的用地规划逐步变成了自下而上的"社区"主导型的规划，强调公众参与。因此，对于道克兰区，各个地方区政府制定的规划更偏重社会住宅的建设，试图继续保持传统工业的发展，这完全是基于当地居民的情况，大部分居民从事码头区的传统工业，而且属于低收入者，急需更多的社会住宅，然而各个地方区政府又有各自的发展重点和时间表。

同时，在公众参与的机制下形成了道克兰区联合委员会（Docklands Joint Committee），以及道克兰区论坛（Docklands Forum），它们代表当地居民积极参与该地区的规划过程，关注保护当地的建筑物和社区，要求新建社会住宅的2/3应该为出租房，以及提出复兴东伦敦的码头航运等。因此，不仅各方都没有形成复兴该地区的共识，而且随着码头经济的进一步衰败，加上英国整体经济的恶化，任何一方提出的方案都得不到资金启动，也就都未得到实现。不仅投资商与开发商对这片地区失去了信心，而且不少本地居民也开始变得绝望了，不少有技能的居民逐步移出这个地区。导致该地区的人口从1976年的55000人降至1981年的39000人左右，其中36%的居民几乎没有任何技能，与此同时，少数种族的比例显著增加，受教育率降至伦敦的最低水平，40%的11岁学生有读写困难，3/4的学生来自英语非母语的家庭，整个地区的失业率高达了17.8%。于是这个地区变成了伦敦最穷，也是社会问题最多的地区，甚至有不少伦敦人认为这片地区不属于伦敦，出租车司机也都拒绝去这片地区。

1979年上台的环境大臣迈克·黑斯廷用一句话总结了这种情况："每个人都参与了（规划），但谁都不负担任何责任。"他认为各方都在积极规划、讨论、咨询、做报告等，然而就是没有复兴该地区的行动，一切变得更糟糕了，因此必须把各个地方政府在该地区的规划权力取消，让一个统一的机构发出一致的规划声音，才能真正启动城市开发。因此，1981 年 7 月 2 日迈克·黑斯廷批准成立道克兰区合作开发区，管理码头港口区的更新，其权力超越了地方政府，直接向环境部负责，人员也由环境部直接任命，开发资金来自财政部，并获得了规划批准权以及土地强制获取权；虽然没有制定规划的权力，但它依然属于地方政府。此外，1982 年 4 月该开发区获得狗岛企业区 10 年的管理权，该区是道克兰区的中心，也就是目前伦敦新金融中心所在地。在该开发区获得了超越地方区政府规划权力的同时，1986 年取消了大伦敦政府，这样该开发区受到的地方制约就更少了。因此，不少学者认为撒切尔的城市政策在强化市场经济的同时，也强化了中央集权（Thornley，1990）。

因此，道克兰区就是英国中央政府自上而下划定的一个城市开发区，各个地方区政府以及大伦敦政府事实上失去了规划该地区的权力，该开放区的管理机构是从国家、区域的角度启动开发计划，在这个阶段，忽视了当地居民的规划参与。道克兰开发区采取了"非规划"的策略，没有做任何传统意义上的用地规划，也几乎没有设定任何规划限制，只是提出了一些非常宽泛的开发意向，完全让市场主导整个开发过程，运用杠杆原理吸引私人投资。在狗岛企业区，企业可以免税 10 年，全部投资可以抵消今后的税。到 1998 年为止，18.6 亿英镑的公共资金吸引了 72 亿英镑的私人投资，这些私人投资包括了旅馆、办公楼、商店、工厂、印刷、娱乐设施、培训机构，甚至地铁等公共设施，其中 75% 的投资来自国外。比如，1987 年，基于开发纽约世界金融中心的经验，加拿大的奥林匹亚与约克（Olympia & York）房地产公司计划把金丝雀码头建成伦敦新的金融中心。可以说，在"非规划"的策略下，这片衰败地区的复兴开始启动了。

然而，从道克兰合作开发区设立之日，不仅来自当地居民的各种抗议活动此起彼伏，而且三个地方区政府都不愿意与开发区合作，甚至南岸区政府曾一度认定该开发区不合法，完全拒绝合作。此外，来自社会各个方面的批评声音也非常响亮，主要批评该开发过程绕过了当地居民和当地政府，牺牲了居民和地方利益，也不符合民主程序等。特别是 1992 年金丝雀码头开发完成，但是一半以上的办公面积未出租出去，而且由此，奥林匹亚与约克公司于同年 5 月 14 日宣布破产，这几乎意味着道克兰区城市更新在经济上的失败，各类批评之声有如潮水一般。著名的城市规划学者苏珊·费恩斯坦（Susan Fainstein）（1994）指出，这是以房地产为主导的城市更新模式的失败。她认为金丝雀码头工程形成了毫无生机的"鬼城"，缺少当地居民的参与，这也表明了私人开发项目在达到公众利益的目标上有其局限性。苏·布朗尼尔（Sue Brownill）（1992）甚至质疑

图 92　富有活力的城市空间

道克兰区的规划是否是一场规划灾难，也强烈地批评了这种以市场为主导的城市更新，认为它牺牲了当地居民的利益，而且道克兰区开发区使得地方政府失去了更多的帮助当地居民的资源。

当然，"非规划"以及企业区的发明者彼得·霍尔教授（2002）认为这个失败有其他原因，其中之一就是伦敦老金融城当时具有独立的规划权力，为了确保自身不会受到金丝雀码头工程的威胁，期间增加了大量的办公面积，改善了办公环境，使得金丝雀码头工程失去了竞争力。也有学者事后发现了其他原因，比如1987—1988年的西方房地产泡沫危机对开发区的打击；地铁等快速交通未及时建成，特别是伦敦市中心的银禧（Jubilee）地铁线未能延伸到金丝雀码头，用地性质与交通设施不匹配等。不论这些辩护是否成立，当时金丝雀码头工程的确失败了，也标志着道克兰区城市复兴的失败。然而，随着西方房地产业的复苏，1995年起金丝雀的办公面积几乎全部出租，而且二期工程也开始建设了；人口由1981年的39400人上升到1998年的83000人，失业率由1981年的17.8%降低到7.2%；城市空间也逐步变得富有活力，容纳了各种活动，不再是一座"鬼城"（图92）。直到1998年道克兰开发区彻底解散，其权力移交给各个地方区政府，整个城市复兴的二期工程几乎没有遭到批评，甚至对于其社会问题的批评也非常少，当地居民和学术界几乎保持沉默，反而不时有褒扬之词。为什么会出现这种明显的反差？

5.1.2　修正模式

曾经激烈反对道克兰区规划的苏·布朗尼尔（2000）也在2000年发现了这种反差，他认为这是由于20世纪90年代城市更新中公私合作机制进一步得到了大众的接受，而且道克兰开发区1998年的告别报告"曲解"了它的发展历史，比如报告中"可持续发展""战略规划"等词语在20世纪80年代是不存在，误导了大众。苏·布朗尼尔（2000）也指出了在公私合作机制中，道克兰开发区的作用其实与目前的地区政府很相似，但是道克兰开发区是中央政府制定的，将会忽略当地居民的利益。然而如果我们回顾一下道克兰开发区的发展，就会发现它在20世纪90年代已经开始与地方区政府合作，参与了部分地方社区的建设，这也是批评减少的一个重要原因。

道克兰开发区1998年的总结报告也承认20世纪80年代早期几乎没有考虑地方社

区的利益，在一片反对声中，它才意识到应该考虑地方居民的利益。于是在 1987 年的规划中，开发区提出要参与社区更新与建设，关注教育、培训、社区医疗、社区设施和休闲等，采用公共部门、私人部门以及非政府机构合作的方式。同年，开发区与纽汉区政府达成协议：区政府支持皇家码头区的大规模开发计划，而开发区要资助大规模的社区培训和改造计划，其中包括改善并提供社会住宅；合作建立培训中心帮助当地居民获得新工作；鼓励开发过程聘用当地公司和居民；提供幼儿园、中小学校、一个图书馆、一个水上运动中心、停车场和公园等。1988 年与 1989 年，开发区为了获得陶尔哈姆莱茨区政府对高速公路以及地下隧道工程的支持，又签订了一系列的社区更新计划。

　　1989 年年底，开发区成立了社区服务部，试图改善它与当地政府和居民的关系，提出了 10 亿英镑的三年预算，改善基础设施、社会住宅、医疗、教育和培训等。1991 年年底，道克兰开发区内的三个区政府终于有代表第一次进入了开发区管理层。到 1998 年，开发区共更新原有社区 4 万多个；在社区设施与中心机构上投入了 1.2 亿英镑，占总预算的 7%，其中教育、培训和医疗的投资就占了一半左右；在社会住宅方面投入了 1.87 亿英镑，占总预算的 10%。例如，在金丝雀新金融中心所在地，开发区对地方社区居民的投入包括公共空间与设施 443 万英镑、体育健身中心 152 万英镑、社区中心和培训机构 309 万英镑、中小学校 283 万英镑、社会住宅 60 万英镑，以及社区医疗设施 80 万英镑等。道克兰开发区还考虑到了地方的高等教育，比如东伦敦大学新校区的建立和三个区社区大学的扩建，提供了与金融中心相匹配的更多专业（LDDC，1998）。结果当地社区的物质环境得到了改善，教育与医疗等软环境也明显提高了，而且当地政府和居民明显感觉到自己参与了伦敦道克兰区的规划，而不是规划所忽略的对象。因此，这在一定程度上弱化了当地居民对伦敦道克兰开发区的批评。

　　从 1994 年 10 月起，伦敦道克兰开发区逐步把各个开发地区交还给当地区政府，让区政府自己负责规划与开发。直到 1998 年 3 月 31 日，所有开发地段都交还给当地区政府，开发区彻底宣告解体。在道克兰地区，三个区政府重新获得了自己的规划批准权，它们自己运用杠杆原理吸引私人投资和非政府组织的合作，形成战略性规划，当地居民不仅可以参与到这种公私合作的城市更新模式中，而且还可以由此申请中央政府的专项经费，于是形成了"讨价还价"的规划体系。科尔纳特（Colenutt）（1999）与布朗尼尔（2001）都发现了相对于基于用地性质的分区规划体系，这种灵活的规划体系更能让商业利益极大化，特别是地方政府所拥有的资源要远小于类似伦敦道克兰区这样的由中央政府指派的机构，它们更容易向私人投资妥协，然而也只有当地政府才会更关注当地居民的利益。

5.2　社会空间结构的更新

5.2.1　空间演变模式

虽然目前很多学者对第二期更新的经济成功持肯定态度，但是大部分学者对于它带动周边贫穷地区的发展和促进社会阶层交流的规划更新意图还是持怀疑和否定态度，认为它仅仅促进了城市的绅士化过程，而没有改善当地的贫穷社区，更没有达到真正意义上的社会整合（Foster，1999；Gordon，2001）。从 1991 年第一期开发结束到 2001 年第二期开发全部投入使用，城市空间形态网络是如何演变的？它是否影响了社会整合的过程？

根据 1991 年和 2001 年的伦敦详细地图，建立了以金丝雀码头为中心，半径约 6 公里区域的轴线模型（Axial Map），以此来分析城市空间形态网络的演变。在轴线模型中，半径 K 内的整合度是指考虑与一根轴线 K 步以内相连的其他所有轴线组构下的这根轴线的整合度；半径 K 的大小简单理解为从多大的城市网络范围内考虑一根轴线的整合度，比如半径 3 内的整合度可理解为城市局部整合度，而半径 n 内的整合度可理解为城市全局整合度。[①] 从红到蓝的色谱区分不同的整合度：色彩越暖，整合度越高；色彩越冷，整合度越低。比较 1991 年和 2001 年金丝雀码头轴线模型在不同半径内的整合度：从半径 3 到半径 n，1991 年的金丝雀码头内的轴线都是绿色或者蓝色；从半径 3 到半径 6，2001 年的金丝雀码头内出现了的黄色轴线，而从半径 6 到半径 n 轴线仍然是绿色或者蓝色（图 93）。可以认为第二期开发促进了金丝雀码头局部整合度的提高，但是没有导致全局整合度的明显改善。进一步研究码头内在 2001 年变黄的轴线与周边呈红色或者橙色轴线的关系，可以看出在 2001 年，这根轴线距码头北面的整合度高的轴线的步数依然较远，有些甚至提高到 8 步；它们距码头南面整合度高的轴线的步数绝大部分只降低了一步，步数也徘徊在 5 和 6 左右（图 94）。因此可以认为第二期开发后码头区虽然形成了局部整合度高的空间，但是它们与周边整合度高的空间分隔较远，码头区的城市空间形态还是内向型的。

根据 1991 年和 2001 年伦敦人口统计的详细区域图确定金丝雀码头和周边不同区域的研究边界（图 95），以此分析城市空间形态网络和社会整合的关系。轴线模型中城市或者城市局部区域的可理解度定义为城市局部空间内能无意识地感知城市整体空间的程度，它就是轴线在半径 1 内的整合度和在半径 n 内的整合度的线性相关值；而

---

① 详见：Hillier，B.，Hanson，J. The Social Logic of Space [M]. Cambridge University Press，Chapter 3 The Analysis of Settlement Layouts，P82-142.

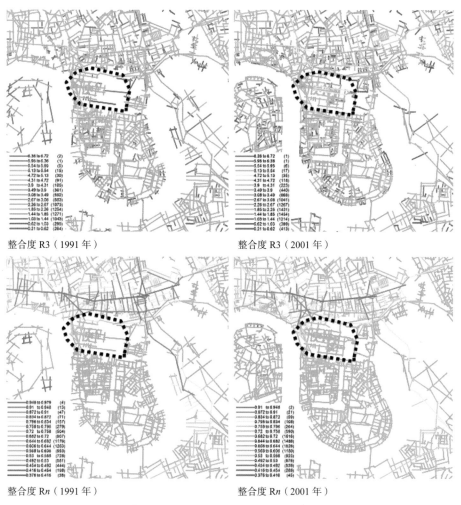

整合度 R3（1991 年）　　　　　整合度 R3（2001 年）

整合度 Rn（1991 年）　　　　　整合度 Rn（2001 年）

图 93　10 年之间伦敦的空间结构对比

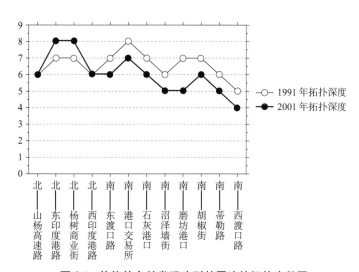

图 94　从伦敦金丝雀码头到其周边的拓扑步数图

轴线模型的协同度定义为半径 3 内的整合度和半径 n 内的整合度的线性相关值（Hillier，1984，1996）。城市局部区域的空间句法参数用来比较不同局部区域的空间形态：局部区域内的轴线定义为被包含在局部区域边界内和穿过局部区域边界的所有轴线；局部区域在半径 K 内的整合度定义为局部区域内的轴线在半径 K 内的平均整合度，以此描述局部区域在不同尺度下的拓扑位置；局部区域在半径 K 内的可理解度定义为局部区域内的轴线在半径 1 内的整合度和在半径 K 内的整合度的线性相关值，以表示局部区域空间形态网络在不同尺度下的可理解性；局部区域在半径 K 内的协同度定义为局部区域内的轴线在半径 3 内的整合度和在半径 K 内的整合度的线性相关值，以表示局部区域空间形态网络的局部整合度和其他尺度的整合度的协同性（Yang，2005）。比较 1991 年和 2001 年金丝雀码头和周边区域的在不同半径下的整合度、可理解度和协同度（图 96），可以看出第二次开发后，虽然金丝雀码头在半径 3、4、5 内的整合度相对最高，但是各个区域的整合度相对关系基本没有变化；虽然各个区域的可理解度和协同度的相对关系变化较大，金丝雀码头的可理解度和协同度在半径 3、4、5、6、7 内提高较多，当半径大于 7 以后，这些变量降为最低或者倒数第二低，而且绝对数值都很低。因而可以认为第二次开发仅完善了金丝雀码头自身内部的空间形态结构，而没有把码头有机地镶嵌到周边城市区域中，码头空间形态网络对周边较大范围的城市空间影响力很弱。

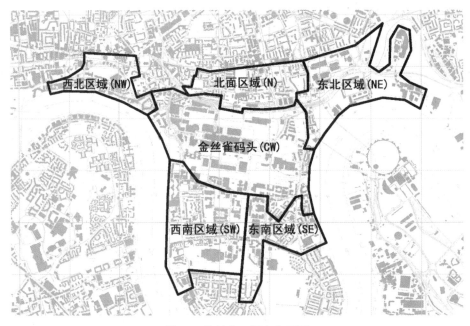

图 95 伦敦人口调查分区图

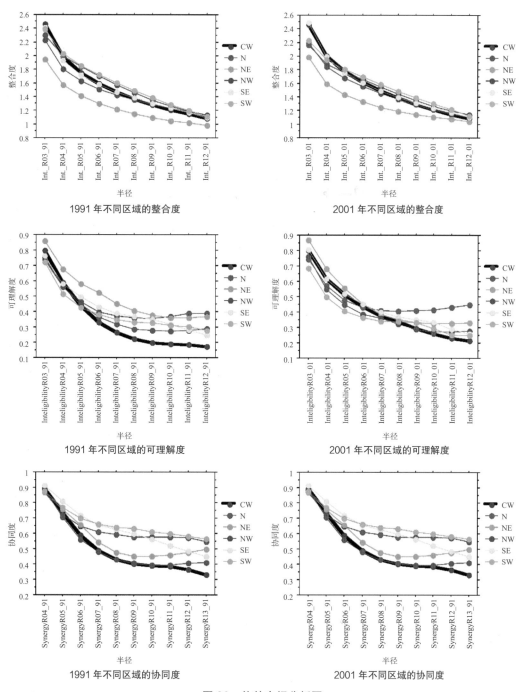

图 96　伦敦空间分析图

5.2.2　社会空间变迁

　　本章仅根据收入将人口分成两大群体：富有群体和贫穷群体，富有群体中包括群体一和群体二，贫穷群体中包括群体三和群体四，以此粗略描述金丝雀码头及周边区域社会整合过程。区域的社会变量采用一个区域内某个群体占这个区域总人口的比例来描述。在整个码头和周边区域中，1991 年贫穷群体大于富有群体，群体一很少，其他三个群体数量差别不大；而 2001 年富有群体远大于贫穷群体，群体一最多，群体二其次，远大于群体三和群体四（图 97）。比较各个区域中的社会构成，第二次开发后各个区域富有群体都有增加，而且某些区域基本上完全被富有群体占据（图 98）。可以认为码头开发并没有促进不同群体的混合居住，反而加剧了不同群体的分隔，绅士化开发的确是金丝雀码头的特点。

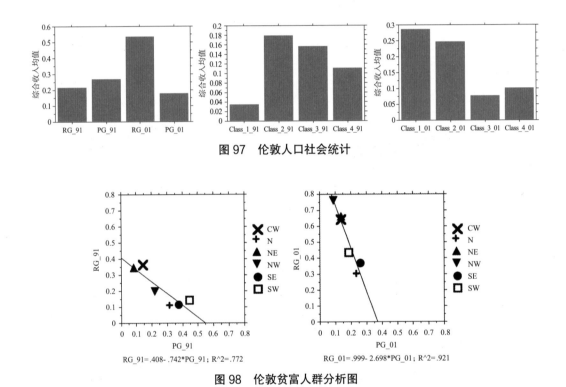

图 97　伦敦人口社会统计

图 98　伦敦贫富人群分析图

考虑金丝雀码头及周边区域城市空间形态网络和社会整合的相互影响（表 2）：1991 年，半径 9 内的整合度和贫穷群体统计正相关；半径 3 内的可理解度和富有群体统计正相关，和贫穷群体统计负相关；半径 9 内的协同度和富有群体统计负相关，和贫穷群体统计正相关。可以初步认为，富有群体偏向内部空间组织良好且在较大范围内，也就是半径 9 内空间较为分隔的区域；贫穷群体偏向在较大范围内空间组织良好的区域。2001 年，半径 9 内的可理解度和富有群体统计负相关，和贫穷群体统计正相关；半径 n 内的可理解度与协同度和富有群体统计负相关。在半径 9 内和 9 以上尺度的空间参数可以显示富有群体和贫穷群体的社会分隔。

城市空间形态网络和社会整合的相互影响 表 2

年份	社会群体	空间属性	相关值	P 值
1991	富有群体	可理解度（半径 3）	0.82	0.0451
		协同度（半径 9）	−0.783	0.0682
	贫穷群体	整合度（半径 9）	0.822	0.0439
		可理解度（半径 3）	−0.868	0.0219
		协同度（半径 9）	0.88	0.0172
2001	富有群体	可理解度（半径 9）	−0.879	0.0177
	贫穷群体	可理解度（半径 9）	0.838	0.0354

再把这两大群体细分为四个群体，可以看出（表 3）：1991 年，半径 9 内的整合度和群体一统计负相关；半径 n 的可理解度与协同度和群体一统计负相关；半径 3 内的可理解度和群体二统计正相关，和群体三与群体四统计负相关；半径 9 内的可理解度和群体二统计负相关，和群体四统计正相关；半径 9 内的协同度和群体三统计正相关。而 2001 年，半径 9 内可理解度和群体一、二统计负相关，和群体三、四统计正相关。从而可以进一步认为，第二次开发前的空间形态网络在半径 9 内各种空间变量与社会构成有一定关系，而开发后形成的空间网络在半径 9 内的可理解度明确表明了社会群体分布。

城市空间形态网络和详细社会阶层的相互影响 表 3

年份	社会群体	空间属性	相关值	P 值
1991	群体一	可理解度（半径 n）	−0.837	0.0358
		协同度（半径 n）	−0.845	0.0321
		可理解度（半径 9）	−0.992	<0.0001
	群体二	可理解度（半径 3）	0.94	0.0027
		整合度（半径 9）	−0.874	0.0195
	群体三	可理解度（半径 3）	−0.739	0.1000
		协同度（半径 9）	0.959	0.0008
	群体四	可理解度（半径 3）	−0.927	0.0046
		整合度（半径 9）	0.903	0.0100
2001	群体一	可理解度（半径 9）	−0.884	0.0158
	群体二	可理解度（半径 9）	−0.781	0.0696
	群体三	可理解度（半径 9）	0.839	0.0348
	群体四	可理解度（半径 9）	0.816	0.0476

对于金丝雀码头的更新开发，道克兰区合作开发区公司和投资商都担心道克兰区的贫穷社区将会影响当地金融办公楼和高档住宅的价值，希望新金融中心能远离贫穷

社区；而地方政府和当地居民则期望新金融中心的开发能改善贫穷的社区。于是，金丝雀码头与周边社区的空间联系是重要的考虑因素之一（LDDC，1998）。图99a 显示了周边地段的可达性分析，红色表示可达性高，蓝色表示可达性低。该地段被可达性较高的街道所环绕，不过该地段与周边的空间联系较弱，因为其北端是当时码头的围墙，东端和南端为水面。

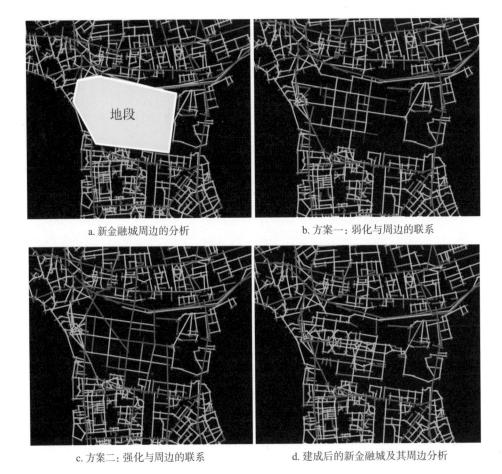

a. 新金融城周边的分析　　　　　　　　　b. 方案一：弱化与周边的联系

c. 方案二：强化与周边的联系　　　　　　d. 建成后的新金融城及其周边分析

图 99　伦敦新金融城地段周边的分析（a）、两种假设性方案（b，c），
以及建成后的新金融城及其周边分析（d）

5.2.3　开发方案对比

那么，假设有两种开发方案：方案一是弱化方案与周边的联系，如图 99b 所示，分析表明地段内街道的可达性不高，这样周边的居民就有可能不会穿行新金融区；方案二是强化方案与周边的联系，如图 99c 所示，周边的主要街道自然延伸到地段内，于是地段中心的可达性很高，周边居民有可能自然而然地穿行新金融区，同时地段内

的人流和设施也将更容易地辐射到周边地区。这种分析图示直观地展示了不同的开发思路，有利于推动各方互动，进一步修改方案，力图形成某种共识。

　　虽然当时道克兰区合作开发区公司没有为金丝雀码头做任何规划，然而投资和开发商还是做了详细的物质性规划，采纳了 SOM 的方案，尽量避免地段外南北两侧的居民方便地穿行新金融中心（Brownill，1992）。图 99d 分析了建成后的情况，表明了该金融区内部的可达性较低，实现了开发商的想法；图 100 显示了高密度的人流基本上集中在该金融区内，而非扩散到周边；该地区的空间局部（而非整体）可达性能预测 73% 的交通流量。这表明该区的空间布局限于地段内的结构，城市活力不高。该金融区曾经一度在周末没有任何人，被称为"鬼城"（Fainstein，1994）。不过，1998 年开发区公司解散，之后的规划强调周边居民能方便地达到金融区，参与该区的各种活动。

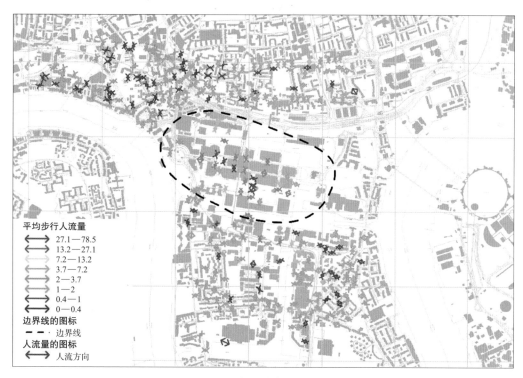

图 100　2004 年伦敦步行人流调研分析

　　然而，基于 2004 年步行人流与空间整合度 R3 的相关性分析（图 101），可发现相关性最高的部分仍然集中在金丝雀码头之内，也就是目前的新金融中心，其相关系数高达 0.73。而其四周的三个社区之中，相关系数降到 0.43、0.44 和 0.48；如果考虑整个狗岛及其北部延伸，相关系数只有 0.14。这表明：从步行交往的角度而言，金丝雀码头与其周边的联系仍然较弱，从而加剧了一定程度的社会隔离。

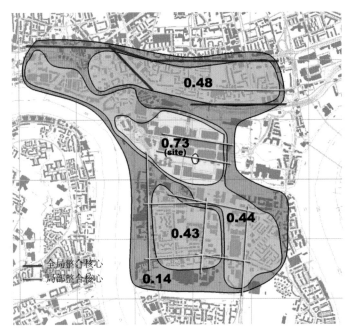

图 101　2004 年伦敦步行人流与空间整合度的相关性分析

5.3　小结

　　第二次开发后金丝雀码头区虽然显著改善了地段内部的空间组构，提高了内部空间的局部整合度，但是没有在较大的城市范围内整合周边区域，比如在半径 9 的范围内，这个半径范围正好比从码头内部整合度最高的空间到周边整合度高的空间的最远的拓扑步数 8 多 1 步。这种在较大的范围内破碎的城市空间网络体现并加剧了金丝雀码头区及周边区域社会群体的隔离，从而在整体层面上没有真正多元化的具有活力的城市中心。从这个案例可以看出，如果大规模的城市更新忽视了新开发形成的局部城市空间形态网络以及较大范围的周边城市空间形态网络在不同尺度上的联系，也就是在轴线模型中简化的不同半径 K，即使更新地段内部能达到良好的空间品质，还是容易在较大范围内形成破碎的城市空间网络，可能加剧社会群体的彼此隔离，不易最终形成真正的社会整合。

　　因此，本章得出两点结论：一，城市空间网络不同的分析半径 K 可以表明大城市中不同尺度的空间现象，确定空间网络的整合或者破碎程度；二，可以初步认为城市空间网络在一定程度上揭示了城市不同社会群体的生活分布状况，并且这样的网络结构有可能推动社会群体的再分布，比如：破碎的城市空间网络有可能加剧城市社会群体的分隔。

第6章 多案例的包容式空间更新

本章延续上一章的研究思路，从城市更新的角度研究空间结构的调整和变化将如何影响城市更新中相关利益方的协同。基于伦敦国王十字车站地区更新、伯明翰的布林德利办公区更新、北京新城更新以及上海城市更新案例，对空间句法在城市更新中的技术进行深入探讨，强调理性而中立的沟通模式有助于包容式空间更新的实施。

6.1 包容性规划设计

空间句法如何从空间形态的角度支持包容性规划设计，并得到规划设计实践界的认可？诚然，在当今的城市规划和设计中，社会、经济以及环境等方面的政策分析和制定越来越重要，这与过去只关注物质形态的规划和设计相距甚远，但是空间形态仍然是规划和设计的一个争论焦点，因为空间形态往往体现在政府部门、专家和开发商对于区位选址、空间布局、用地性质等方面的论证与协商中，而且根据生活常识，非专业的市民都知道空间形态会对他们的生活产生影响；绝大部分人都知道：如果一条城市干道穿过住宅小区，小区生活肯定会受到不同程度的影响，也许交通噪声干扰宁静生活，也许某些住户有机会开店铺等，这并不是什么深奥的话题，在公众听证会上，当地市民自然有能力发表这方面的看法。此外，从空间句法和其他空间学派的研究来看，空间形态的确与社会、经济以及环境等方面密不可分，相互影响。如商业繁华的地区与高档住宅区的空间形态显然不一样；而紧凑的空间布局与分散的空间布局对环境能源的影响也不一样。

因此，一方面，对空间形态的讨论往往隐含在对其他方面的讨论之中；而另一方面，在各方讨论与对话中，空间形态又如同地图一般，看似直观而中性，各方都根据各自观点和利益"勾画"空间形态，也许是专业图纸，也许是草图，甚至是文本或者语言描述。然而，在包容性规划中，各方对空间形态的看法往往由于出发点不同而相去甚远，缺乏一个理性的交流平台，大家较难形成共识。例如，房地产商开发一个楼盘，往往更关注地段内部的空间布局，而政府部门可能更关注城市的公共路网结构，地段周边的居民可能更关心楼盘布局对于自身的影响，或者，如果是城市更新，地段内的拆迁户可能更关心回迁后的地段位置等，各方对楼盘空间形态的看法可能会大相径庭。

而空间句法则提出了一种理性而直观的交流方式。首先，它定量而形象地展示了空间形态，分析每个空间与其周边所有空间的关系，如空间整合度，其中红色表示空间整合度高，蓝色表示空间整合度低（图102）。整合度高的空间表示统计上人们容易到达的空间，也是相对热闹的空间，而整合度低的空间表示统计上人们较难到达的空间，也是相对隔离或安静的空间。例如，图102表示了伦敦空间整合度分布图，显然白线内的伦敦中心区具有较高的整合度，泰晤士河北岸的整合度高于南岸等。其次，各方可以审视一下现状空间形态，并客观分析人车流、用地、人口构成、收入、盗窃等社会经济因素，定性或定量地比较空间形态是否与这些因素相关。例如，伦敦中心区交通更拥挤，却也更具有城市活力，而统计上北岸居民的收入比南岸的更高，这些都与其空间整合度分布图（图102）相关。再次，如果接受了这些事实证据，那么各方可以把自己对形态布局的想法"画"出来，其中任何细微的空间变动（如街道长度与宽度的不同）都有可能导致空间整合度的分布发生较大的变化，也将影响社会经济因素的变化。基于这些分析，各方可以理性地比较和讨论，也许会接受其他形态构思，也许会发现自己的"错误观点"，这样更容易达成共识。

图102　伦敦空间整合度分布图，白线内为城市中心区

（资料来源：根据 Bill Hillier 的模型绘制）

　　针对城市包容性更新中空间结构的优化，建立五步骤的工作方法，即观测（采集数据）、体检（找出问题）、预测（分析问题）、创新（解决问题）、评估（决策优化）。其重点是根据空间结构在更新前后的变化，挖掘视域、人车流、功能选址等方面的变化，让合适的功能位于合适的空间区段，形成整体上最佳的配置。那么，这种空间流的特征如何？其物质空间形态与人车交通以及用地情况如何相互影响？是否能适用城市更新？

6.2　伦敦国王十字车站地区更新

　　当然，空间句法本身也并不是为了包容性规划与设计而刻意发明的一种方法，它的功效其实是被"包容性规划与设计"所偶然"发现"的，并在实践中不断得以改进与发展。20 世纪 80 年代末，伦敦国王十字车站（King's Cross）地区城市更新被再次提到议事日程，这是一块废旧的工业与铁路用地，也是伦敦的一个交通枢纽，为英国铁路公司与私有化的国家物流联盟共同拥有。城市更新包括很多参与方，除了土地拥有者，还有坎姆登地方政府、罗斯霍·斯坦诺普（Rosehaugh Stanhope）开发商、各种规划机构与建筑事务所、伦敦大学学院城市规划学院、当地社区组织、当地居民等。坎姆登地方政府呼吁混合开发，包括商业、交通、办公、住宅、娱乐等，提高城市活力，这种理念显然已经是那个年代西方城市规划实践的共识，各方都不会反对。然而，各种功能的混合比例就是争论的焦点，英国铁路公司、国家物流联盟和开发商等都偏向更多的办公商业用地，而当地社区组织、当地居民和伦敦大学学院城市规划学院都偏向更多的住宅用地，争论的过程还伴随居民听证会等，这实际上体现了当前的新词：包容性规划与设计（Fainstein，2001）。一次，伦敦大学学院的希利尔教授给当地社区组织介绍空间句法的研究，大家都觉得这个方法比较直观，容易理解，也符合常识，就把空间句法用在了各方讨论的过程中。

　　例如，国王十字车站以及周边地区的空间现状用轴线图表示，然后分析空间整合度（图 103），红色表示空间整合度高，即统计上人们容易到达的空间，也是相对热闹的空间；蓝色表示空间整合度低，即统

图 103　国王十字车站以及周边地区现状的空间整合度图

（资料来源：Bill Hillier）

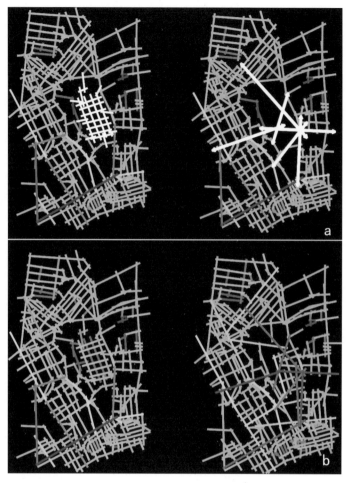

图 104　国王十字车站以及周边地区的比较方案的空间整合度图

（资料来源：Bill Hillier）

计上人们较难到达的空间，也是相对隔离或安静的空间；而图 103 恰好反映了当地居民对现状的大致感觉：该地区南面比较热闹，商业活动频繁；而北部则比较冷清，甚至某些住宅区有些荒凉，犯罪率也较高，当然具体的人车流分析也反映了这种感觉。于是，各方面也比较接受这种空间分析图。之后，参与者们根据自己的想法画出理想的空间布局，比如某种"方格网"、某种"放射式"等（图 104），再把这些方案放入现状轴线图中分析一下，可以发现不同的空间整合度分析，比如那种"方格网"很蓝，即整合度很低，而那种"放射式"聚集了主要的红色线条，即其中某些空间整合度很高（图 104）。那么，大家可以设想，整体蓝色的"方格网"很可能类似地段北部过于冷清而不安全的住宅区，这是当地居民尽量避免的；而聚集了较多红线的"放射式"很可能比地段南部的街道更热闹，也许意味着更多的商业与办公，甚至成为当地的商业办公中心区,这也是当地居民不愿看到的。也许那位参与者在勾画"方格网"或者"放射式"时,设想的是一种富有生机的住宅区,其中点缀一些商业与办公,而空间整合度分析图则给出了另外一种图景,当然这还需要进一步定量地检验。此外,参与者还可以对方案细节的可行性进行理性的讨论与比较,如某条街道是否可以延伸并穿过某个土地拥有者的地段,或者是否保留某些原有的街巷或废弃轨道等,这些细节往往是方案能否实施的关键,也是各方争论的焦点,而空间整合性分析图都能给出这些细节变化对方案的影响。从而,空间句法提供了一种各方检验空间布局想法并进行理性交流的方式,并且向各方证明任何局部的空间变化都有可能影响整体空间效果。

当时,诺曼·福斯特(Norman Foster)很赞赏空间句法的分析过程,认为这是一种感性与理性完美结合的方式,它支持了感性的草图式灵感,也提供了理性检验、反思与交流的平台。之后,福斯特在国王十字车站总图设计中与希利尔开始合作,让空间句法成为规划设计咨询的一部分(见图 105),以此让各方有可能就空间形态充分交流,协调了大家对办公商业与住宅的不同需求,形成各方都能接受的方案(Foster,2001)。虽然国王十字车站城市更新由于 20 世纪 90 年代初英国的经济危机而最终未能实现,但是直到目前,空间句法公司一直都在参与这片地区的逐步更新,从空间、人车流、用地、行为环境等方面都作了更细致的定量咨询,不断地推动各方协商,动态地完善规划、设计和实施。

图 105　国王十字车站福斯特的方案以及空间整合度分析图(灰度越深,整合度越高)

(资料来源:Foster,2001)

6.3　伯明翰的布林德利办公区项目

在包容性城市规划与设计中，除了公众参与和听证是其重要的组成部分外，投资商或开发商、相关专业人士和政府公共机构之间的互动也非常关键，可以让规划与设计更贴近市场的需求和变化。然而，他们之间关于空间形态的争论是很常见的，因为他们的开发与规划理念不同，而且对地段空间的理解也不一样。空间句法则可以相对中立地提供客观的空间形态以及与之相关的社会经济等证据，做出一定的方案预测，协调争论，并促进他们达成一定的共识。本节以英国伯明翰的布林德利（Brindleyplace）办公区更新为例，说明空间句法的实践。

6.3.1　利益相关方的形成

伯明翰是英国第二大城市，也曾经是著名的"世界工厂"。而到了 20 世纪 70 年代末，它的制造业几乎彻底破产，运河也随之衰败了，于是市政府开始寻求新的经济增长点，计划发展旅游业、会议展览等，重点更新旧工业区。以布林德利为中心的宽街（The Board Street）地区是废弃的轻工业区，又恰好临近老城中心区的西南角（图 106）。80 年代中后期，政府正式启动了宽街地区城市更新计划，吸引投资与开发商，主要发展娱乐、休闲、办公、会议等，包括英国最大的国际会议中心（主要由欧共体投资）、国家室内运动场（大部分为政府投资），分别比邻布林德利区的东侧与北侧；同时借鉴了美国波士顿法尼尔厅市场（Faneuil Hall Marketplace）以及詹姆斯·劳斯（James Rouse）在巴尔的摩的更新计划，打算把布林德利区开发为"节日市场"（主要由私人投资）。1988 年当地规划部门邀请了英国、美国、荷兰以及日本的城市专家点评了伯明翰的规划与设计，认为其规划应更注重城市活力与质量，布林德利成为讨论的重点。

1991 年，国际会议中心建成，女王亲自剪彩，但布林德利区还处于规划争论之中："节日市场"方案已经做了很多轮，这种想法却正在被抛弃，因为大型商贸市场（Shopping Mall）并不能吸引投资；开发商们根据市场的变化提出了新方案，以办公、餐饮、

■ 老城中心区
■ 布林德利区

图 106　布林德利、伯明翰老城、五路地区的空间关系

[资料来源：根据 Holyoak（1999）改绘]

娱乐为主，并邀请特里·法雷尔（Terry Farrell）做规划设计；而代表社区居民的"伯明翰人民规划小组"要求减少办公用地，增加公共空间、河边绿地公园和住宅等，还提出了另一套规划方案，并面向市民展览；政府规划部门要求建造公共广场，发展无障碍的步行系统，还邀请美国规划师唐·希尔德布兰特（Don Hilderbrandt）制定了该区域及其周边的步行规划方案，美名为"场所项链"（图 107）。不过，各方在混合用地、中心广场、公共空间步行化、至少 120 套住宅等想法上达成了一定的共识。然而，政府规划部门还是担心能否形成具有活力的城市办公中心区，因为伯明翰在历史上就偏好宏大工程与实用型管理，反而削弱了城市活力与质量，如名声极差的内环高速公路（Birmingham Inner Ring Road）。为此，开发商组织了一项"不明智"的参观活动：特意在周末非办公时间请布林德利区规划委员会欣赏伦敦新建的办公区（Broadgate），虽然建成环境无比精美，然而却空无一人。于是，规划委员会认为开发商的方案将会导致一座"假日死城"，这又激发了各方的争论，谁也不能说服对方（Holyoak，1999）。

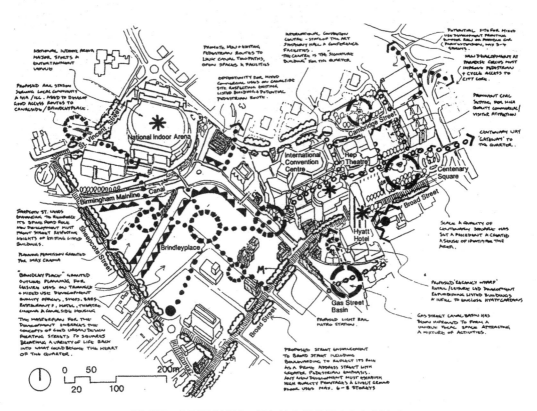

图 107　美国规划师唐·希尔德布兰特的步行规划方案

（资料来源：Holyoak，1999）

6.3.2　空间结构的协同

于是，特里·法雷尔与开发商邀请比尔·希利尔分析空间形态，预测步行人流量，并检测方案能否形成城市活力中心。

首先，希利尔领导的研究小组（当时还未成立空间句法公司）建立了整个伯明翰现状的空间轴线模型，分析了全局整合度（半径为 n），即每个空间与该城市所有其他空间的关系，与局部整合度（半径为 3），即每个空间与其附近的空间的关系，见图 108。可以发现，地段东南侧的宽街（Broad Street）具有较高的全局整合度，即它在整个城市的层面上具有较高的整合度；而老城中心区的商业街具有较高的局部整合度，即它们在局部地区的层面上具有较高的整合度。

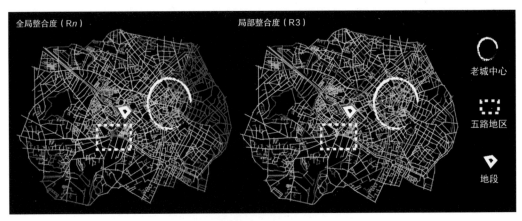

图 108　伯明翰现状的空间整合度分析

（资料来源：根据 Bill Hillier 的模型绘制）

其次，空间句法小组观测了该地区及其周边的步行人流量，分为工作日与周末，发现老城中心区的步行人流量与局部空间整合度有较高的相关度，而地段西南面的五路地区（Fiveways）的步行人流量与全局空间整合度有较高的相关度。作者在 2004 年的工程评估中用相关等高线的图示证实了上述的结论（图 109），即靠近老城中心区 59% 的步行人流量更受局部空间组构的影响，而靠近五路地区 71% 的步行人流量更受全局空间组构的影响（Yang，2005；杨滔 2006）。这个图示暗示了地段东北周边与西南周边的空间结构是割裂的，它们对步行人流量的影响是显然不同的。当时的研究报告建议空间规划设计应整合这两个方向不同的空间结构，形成一个在整体与局部层面上都能增进步行人流量的空间格局。图 110 表明了在空间句法的建议下，建成效果的确实现了部分目标。

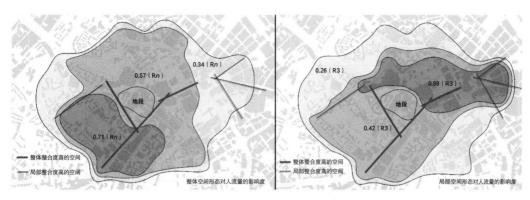

图 109　布林德利区以及周边的空间与步行人流的相关性分析，1991 年

（资料来源：作者）

图 110　布林德利区以及周边的空间与步行人流的相关性分析，2004 年

（资料来源：作者）

再次，空间句法小组比较了不同的方案，即把各个方案放入现状空间模型中，对比了不同尺度上的空间整合度以及空间可理解度（即一片地区中，所有空间的局部连接度与全局整合度的相关值）等评估因子。一般而言，核心公共空间的整合度高表示这个空间更容易被人们使用，而某个地区的空间可解度高则表示人们在该地区中更不容易迷失方向，即人们通过空间的局部连接关系就可以方便地推断出空间的整体结构。通过这些定量的对比可以理性地评价所有方案的空间形态。

最后，分析现状空间的模型与实际观测的步行人流分布，建立回归方程式，预测方案实施后的步行人流量。如图 111 表明了空间句法小组对最终实施方案的预测效果，针对不同的街道，对比了更新前后以及预测的步行人流量。

希利尔根据相对中立的空间与步行人流分析，提出了不少建议，从空间的角度"揭示"了争论的焦点，即如何通过空间布局形成具有活力的城市中心，从而让争论更加

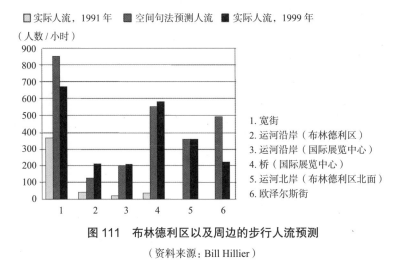

□ 实际人流，1991年　■ 空间句法预测人流　■ 实际人流，1999年

1. 宽街
2. 运河沿岸（布林德利区）
3. 运河沿岸（国际展览中心）
4. 桥（国际展览中心）
5. 运河北岸（布林德利区北面）
6. 欧泽尔斯街

图 111　布林德利区以及周边的步行人流预测
（资料来源：Bill Hillier）

具体化。他认为应该直线式地联系地段内的中心公共区与老城中心区，穿过国际会议中心室内的中轴空间，并斜向跨越运河（图 112a），只有这样才最有可能"激活"地段，形成聚集人气的城市中心。而实际上，在希尔德布兰特的步行示意图（当地政府的规划方案）上也体现了类似想法，通过国际会议中心联系老城中心与布林德利的中心广场，当然希尔德布兰特的方案是折线连接（图 107），开发商的方案（特里·法雷尔设计）也部分采纳了希尔德布兰特的想法。然而，当时开发商与不少专家都认为这种空间连接并不是关键性的，宽街才是联系老城区与五路地区的关键，宽街的人流会自然"辐射"到地段中（图 112b），而且人们是否愿意穿过国际会议中心的室内空间就值得质疑。例如，特里·法雷尔事务所的约翰·查特文（John Chatwin）（后来为布林德利办公区工程总设计师）是伯明翰人，他认为自己从小就知道宽街是非常重要的空间走廊，联系着伯明翰西部郊区与老城中心区，希利尔说的那一套难以令人信服，规划委员会也未必能理解。而此时，政府规划部门则一定要让开发商证明方案的空间布局可以聚集人气，否则就换方案。

在讨论中，希利尔针对各个方案，比较了连接老城中心区与地段的直线方式、折线方式，以及不连接的方式，认为只有用直线式连接，地段内空间整合度与可理解性才会最高，才能提高宽街的空间整合度。例如，图 113 显示了这种空间比较，三个方案的差别仅在于老城中心区与地段联系的不同，或更确切地说，A 是沿国际会议中心的轴线方向跨运河建桥，B 是垂直于运河建桥，C 是不建桥。不管分析全局整合度，还是分析局部整合度，只有 A 方案中的地段内部出现了红橙色的空间，即地段内部形成了全局与局部整合程度较高的空间，而且 A 方案的可理解度最高，为 0.8487，远高于 C 方案的 0.5515，这对于需要聚集人气的城市中心是必要的。此外，希利尔还预测

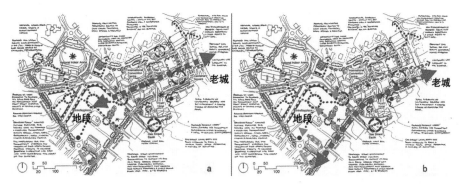

图 112 布林德利区与老城区的空间分析

［资料来源：根据 Holyoak（1999）改绘］

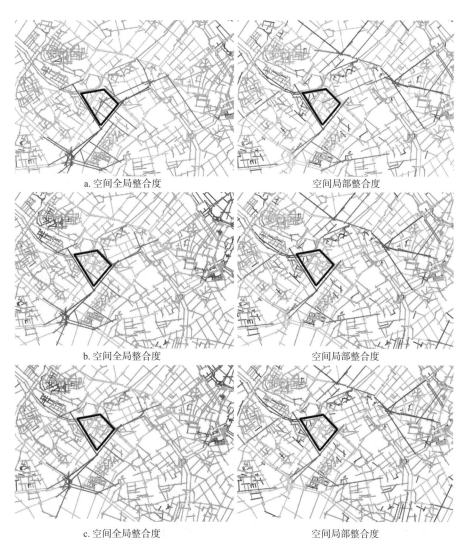

a. 空间全局整合度   空间局部整合度

b. 空间全局整合度   空间局部整合度

c. 空间全局整合度   空间局部整合度

图 113 布林德利区比较方案的空间整合度分析

（资料来源：根据 Bill Hillier 的模型绘制）

A 方案中跨越运河的空间轴线将具有最多的步行人流量，可能接近老城中心区的商业街，建议把这条轴线引向地段西侧外的住宅区。各方基于希利尔的分析与预测进行了多轮讨论。既然希利尔较为客观地证明了直线式连接老城中心区与地段的方式可以显著地增加步行人流量，对方案的改动也不大，政府规划部门、开发商与专业人士都基本认可了这种想法，国际会议中心也同意今后让行人自由穿行，各方为此形成了一个共同认可的方案，于是开发商的方案经修改之后就通过了。当然，很多人是持保留态度的，希利尔关于用轴线连接地段与其西侧外的住宅区的建议就未被采纳，因为大家认为这更无必要了。然而，布林德利办公商业区建成后，沿国际会议中心方向跨运河的空间轴线上聚集了大量的人流，两侧聚集了大量的餐饮、酒吧与服装店铺，废弃的运河变得很热闹，国际会议中心内的餐饮与书店等也受益匪浅，布林德利区已经聚集了大量人气（图 114），并一直延伸到老城中心区，成为英国城市更新的典范（Healey，1999）。英国城市与建筑评论家乔·霍利约克（Joe Holyoak，1999）说，当时很多人都在怀疑希利尔的建议，现在看来他的建议是无需证明的。

图 114　布林德利区建成效果，聚集了大量人气

（资料来源：作者）

6.4 北京更新类新城案例

新城的规划与设计并不是从一张白纸开始，往往依托现有的边缘城镇，甚至包括一些古城古镇等。对于这种类型的新城建设，新城与原有边缘城镇格局以及母城格局之间的关系尤为重要，而空间句法可以提供有效的空间分析工具，用于新城选址和新城内外空间结构的设计。本节以北京新城选址研究和北京副中心总体城市设计竞赛成果为例，对相关的空间句法技术进行阐述。

6.4.1 新城选址研究

根据空间句法模型还可以建立参与式的互动平台，市民、投资开发者、专家或学生可以将自己的想法加入城市（或分区）模型之中，从而初步预测该想法的空间效果、可行性，甚至对周边地段的影响等，这提供了与城市规划部门相互交流的机会。这种互动方式在伦敦规划实践中有所应用。本小节以北京为例，初步设想这种互动平台的构筑。首先，根据路网布局，建立北京的空间句法模型（图115a）。初步的可达性分析表明：（1）六环以内，北京东部的可达性最高（如东三环和东四环），这也对应于目前的CBD，其次是北部，对应于奥运公园周边、高校区周边等；（2）北京的环状结构明显，不过在三环与六环之间，除了有限的环路之外，"非完整的环路"很少，缺少城市各部分（或新城）之间其他可替代的横向联系；（3）对比世界其他大城市，北京放射状道路（或者其放射状分支）的密度相对偏低，导致了城市中心区与外围部分（如新城）的联系，或者三环以外的各部分的放射型联系过于集中在少数道路上。还可以结合其他社会经济环境指标因素，形成互动平台的基础图层和资料。

综上所述，北京在发展新城时，从空间上有两种选择：（1）继续强化东部或北部的开发，力图建立一个与老城区相当的新中心，可辐射并带动周边新城的发展，在未来使得北京具有两个大都市级的中心，结合目前的CBD来看，通州是一个选择；（2）或继续发展可达性相对不高的南部和西部，平衡东部或北部的发展，形成更加均衡的多中心结构，结合北京目前南部新机场的发展，大兴是一个选择。

结合以上分析，规划参与方提出初步设想，在互动平台上勾画出空间布局的草图，关键是明确草图方案与周边的联系。例如，构想一个通州新城的北扩（图115b），建立其与周边的关联，甚至完善周边更大范围内有助于发展该北扩的空间联系。其中包括：向西沿石各庄桥延伸至姚家园桥和朝阳公园南路方向，强化与中心区的联系；向西南沿通马路、科创街、博兴路和团结路延伸至清源路，提升其与亦庄和大兴的联系；向北沿顺通路延伸，改善其与京沈路和机场的联系。

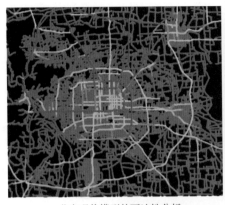
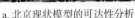

a. 北京现状模型的可达性分析

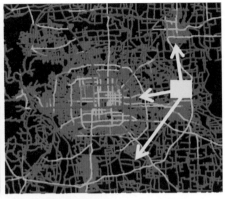

b. 北京通州北扩及其关键走廊的设想

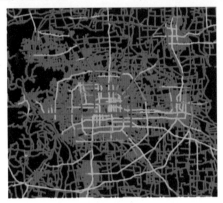

c. 北京通州北扩的可达性分析

图 115　北京现状模型（a）以及北京通州北扩设想和分析（b，c）

　　于是，对比图 115a 和图 115c 进行初步的分析，初步说明了通州的北扩能形成北京一条新的放射道路，即东四十条－朝阳公园南路的东延，可缓解京通高速和朝阳路的压力；向北强化通州、顺义和机场的联系，也可缓解京沈路的压力；通州自身也能形成更强的中心，并略微地向亦庄和大兴辐射。如果在今后，北京能突破行政边界，通州向东向燕郊方向发展，有可能形成与北京老城中心相抗衡的东部大都市中心，因其区位的可达性很有潜力。

　　此外，还可比较不同参与方的想法，或比较同一位参与方的不同想法，如重点发展北京南部，这样有助于活跃思路，也让讨论进一步聚焦。对于北京南面的发展设想，也许可依托大兴，在中轴线的南端开发新城（如行政中心区），沿"南新华街－太平路－马家堡东路""天坛东路－榴乡路"两线向南延伸，并完善"永定门外－南苑路－南中轴线"的南北关联；同时也考虑到新城与亦庄的横向局部联系（图 116a）。

　　初步分析表明北京南面的可达性能显著提高（图 116b），特别是"南新华街－太平路－马家堡东路"一线有可能发展成为活跃的南北向商业带，而"永定门外－南苑

路 – 南中轴线"仍然保持礼仪性的绿色行政空间，这种格局与"西单和故宫"的关系类似，北京旧城的已有空间在一定程度上决定了它。此外，结合南部新机场（南六环外）的开发因素，大兴的东扩很有可能在北京南部形成活力中心，平衡北京南北的发展。

综合不同因素的考量，还可进一步比较大兴东扩和通州北扩的发展时序或者重点，协商确定具体的发展走廊，如东四十条 – 朝阳公园南路的东延，或者南新华街 – 太平路 – 马家堡东路的南延等（图 116a 和图 116b）。这些初步思路也许来自政府官员、普通市民、不同意见的专家等，各位参与方可在这个既开放又互动的空间平台上进行比选，结合其他政治、经济、社会、文化因素的考量，辅助空间选址决策。

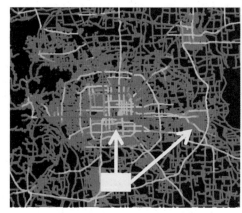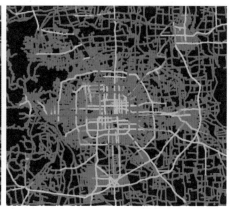

a. 南面行政中心区及其关键走廊的设想　　　　b. 南面行政中心区的可达性分析

图 116　北京南面行政中心区（大兴新城东扩）的设想（a）和分析（b）

6.4.2　北京城市副中心研究

2016 年，北京市组织开展了副中心总体城市设计和重点地区详细城市设计方案征集工作，坚持高起点、高标准、高水平，落实世界眼光、国际标准、中国特色、高点定位的要求。12 家国内外团队入围该征集工作，落实"构建蓝绿交织、清新明亮、水城共融、多组团集约紧凑发展的生态城市布局"的规划设计理念。本小节讨论的空间句法应用是基于北京市建筑设计研究院和英国福斯特事务所联合体的方案，并完全融入该方案的设计过程之中。北京城市副中心的地段就是通州，位于北京主城区和河北的三个县（三河、大厂、香河，简称北三县）之间，方案试图从更为广泛的区域判断通州 155 平方公里地界内空间结构及其对外联系。因此，空间句法的模型包括北京六环以内的地区以及北三县（图 117）。显然，北京的主城区构成环套环的结构，其中东三环和东四环的可达性最高，而东西向的京通快速路成为联系北京主城区与通州以及北三县的唯一重要的空间走廊；北三县则更多是支离破碎的空间格局，其东西方向的联系要强于南北方向的联系；通燕高速在通州和河北燕郊之间的线路可达性也非常高，同时表明其存在严重的堵塞现象。此外，在副中心以南，从北京主城区向天津方向放射的空间走廊并未与副中心形成良好的连接关系。那么从空间结构的角度，副中心需要采用哪种方式实现如下三方面的目标：（1）解决自身与北京主城区之间拥堵的情况；（2）充分利用好北京与天津之间的空间走廊；（3）推动北三县的空间结构的优化。

图 117　北京和北三县空间句法分析（红色表示可达性高，蓝色表示可达性低）

　　基于上述现状的分析，方案组结合我国北方"方城"格局的理念提出了设计想法：强化副中心南北与东西向的空间联系；并且这些空间联系不仅是交通走廊，而且是绿带和公共服务设施相结合的低碳服务轴；从而建构起基于低碳服务轴和 15 分钟生活圈的健康城市格局。如图 118a 左所示，可以发现区和镇政府所在地基本上都位于可达性较高的道路交叉处，这与政府本身作为主体推动地方经济发展有一定关系。根据现状空间结构，选择战略性的节点或道路，尝试着向东西方向、南北方向进行延伸，然后进行空间句法的分析，判断新的延伸或连接是否加强较大范围内的空间可达性，并缓解交通拥堵等。在设计过程中，方案组不断进行各种尝试，可以发现某些重要的联系或延伸强化了副中心与北京主城区、京津走廊以及北三县的空间联系（图 118a 和图 118b），从而提升了副中心的空间区位，并缓解了京通快速路的交通压力。

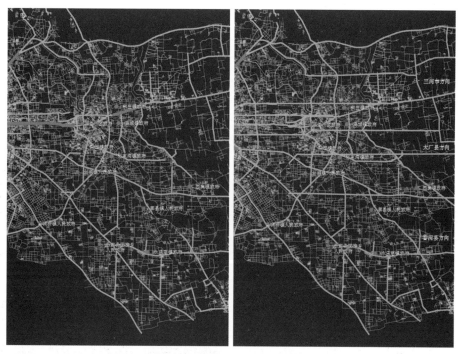

图 118a　北京副中心及周边的现状空间分析（左）和连接东西向可能空间通道的分析（右）
（红色点表示区和镇政府所在地）

图 118b　北京副中心及周边的现状空间分析（左）和连接南北向可能空间通道的分析（右）
（红色点表示区和镇政府所在地）

　　基于副中心与周边地区的空间句法分析和测试，并结合副中心内部的现状情况，方案组确定了南北向、东西向穿过副中心内部的空间通道，从而形成三横两竖的低碳绿色服务轴（图 119 左），同时也确定了服务轴中文化、体育、商业、娱乐等不同用地的位置（图 119 右）。于是，该方案整体设计理念在空间结构上得以落实，并符合现状的限制要求。

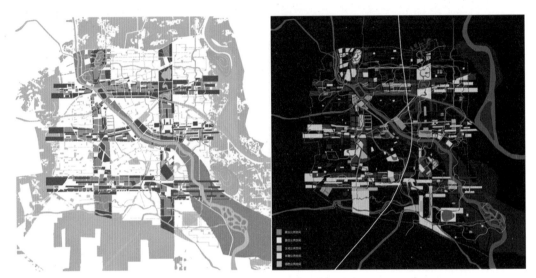

图 119　北京低碳健康服务轴（左）和服务轴内的文化、体育、商业、娱乐等空间（右）

6.5　上海城市更新案例

　　前面三节涉及的空间句法实践偏向较大片区层面上的城市更新，本节以上海的四川北路和平安里山寿里的更新为例，探索地段层面上空间更新的分析方法，强化空间结构与功能使用之间的互动关系，适用于更为精细化的人本化更新实践。

6.5.1　四川北路

　　四川北路原本是上海三大商业街之一，曾与南京路和淮海路齐名，历史建筑较多，类型也较为丰富。然而，近年来四川北路处于衰败之中，商家经营状况普遍下滑。根据实地调研，其现状问题包括：街道环境不佳（40%）、交通停车不方便（40%）、建筑立面杂乱（10%）；其功能性原因包括：购物方式变化（28% 的受访者）、电商冲击（25%）、特色缺乏（22%）、配套服务不完善（12%）、周边街区竞争（13%）。这些都直观地体现在人气不足、街道杂乱的表征之上。不过，普通大众对其商业街特色定位的认同仍较高，56% 的受访者认为其特色为商业，28% 认为其特色为历史文化。而对于其地标，40% 认为是鲁迅公园，28% 认为是壹丰广场，15% 认为是老街坊，6% 认为是邮政博物馆。前三者都直接与公共空间有关，这说明了公共空间对其场所记忆有一定的影响。那么，从公共空间的布局入手，是否还可揭示其衰败的机制？

首先，四川北路及其周边街道网历史演变轨迹表明：该商业街的空间效率①正在降低；而这与街道网的连通方式和程度高度相关。根据 1910—1920 年、1940—1950 年，以及 2010 年至今的街道网特征的对比分析（图 120）可以发现：从 1910—1950 年，四川北路的空间效率在逐步提高；20 世纪 40 年代，从空间效率而言，四川北路成为该地区的核心主轴，这也吻合当时该街道的娱乐和工商业繁荣的历史；而 2010 年至今，四川北路及周边街道的重要性降低，而东西两侧的街道（黄兴路、西藏北路、南北高架路）变得较强，形成了新的潜力吸引点，使得四川北路及周边看似变成了某种"黑洞"。

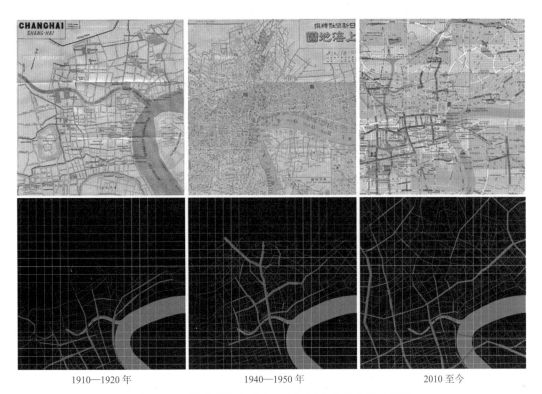

| 1910—1920 年 | 1940—1950 年 | 2010 至今 |

图 120　上海市四川北路在三个不同年代的空间分析图

---

① 空间效率指空间网络之中，从任意街道段到其他所有街道段的空间使用效率；其收益是任意街道段被所有最短路径所穿行的概率，而其成本是到达任意街道段所耗费的距离。在本文计算中，最短路径和距离则根据角度变化的数值而得到。详细数学原理，见《数字城市与空间句法：一种数字化规划设计途径》。

　　进一步对比上海市四川北路和伦敦市摄政街的空间效率模式（图121），因为摄政街北端也是公园，而整个街道也位于城市中心地区，街道尺度与四川北路类似。显然，摄政街周边效率高的街道（红色和黄色的）比四川北路多，特别是与摄政街相交的高效率街道较多，也较密。这强化了摄政街与周边道路的连通性和可达性。于是，摄政街的商业功能和氛围辐射到周边，同时其周边也从空间的角度支持摄政街的运作，从而共同形成了致密而富有层次的空间结构，孕育着多种功能。然而，四川北路及周边的空间结构相对单薄，且缺乏层次；特别是四川北路缺乏东西向联系的高效率街道。考虑到在更大范围内，四川北路东西两侧街道空间效率的极大提升，其东西向道路的连通性不足也许是四川北路衰败的空间因素之一。

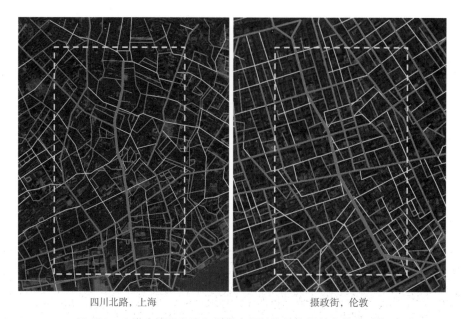

四川北路，上海　　　　　　　　　　　　　　摄政街，伦敦

图121　上海市四川北路和伦敦市摄政街的空间效率模式对比

　　其次，四川北路中车流分布与人流分布并不吻合，且其空间形态是为机动车服务的，而非为步行人流服务。如图122所示，四川北路南侧的车流量较多，而其北侧的人流量较多。这大致暗合了四川北路沿途的建筑和街道尺度的分布，即北侧有较高比例的中小尺度建筑，街道的尺度较为宜人，而南侧有较高比例的大尺度建筑，街道的尺度较为破碎。进一步研究空间效率与人车流的相关程度，不论工作日还是周末，车流分布模式与空间效率模式（全局n和5公里）有较高的相关度，例如工作日中5公里空间布局模式可影响73.4%的车流分布。然而，步行人流与空间布局缺乏相关性。这充分说明了四川北路及周边的空间布局是以车为导向的，其空间体验也是以车为主导的。

3031

根据调研可知，该商业街的停车设施并不方便，那么这种以车为导向的布局模式很难留人气。

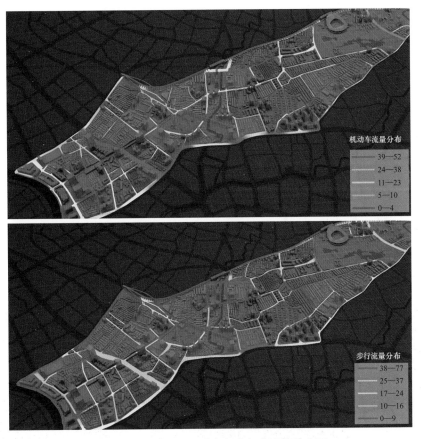

图 122　四川北路机动车与步行人流的分布图

再仔细研究（第 2.1.4 节中的表 1），可从侧面支持上述结论，并引发一些有趣的推论。周末中，非动车流量分布模式与空间布局（全局 n 和 5 公里）有较高的相关度（0.488 和 0.541）；而工作日，该相关度显著降低。这说明了四川北路的空间布局对于中等距离的出行有一定的影响，而其在工作日仍然更多地支持长途出行。如果只关注四川北路北段的步行人流分布，那么其 500 米内的空间布局将会影响约 55.5% 的步行人流分布（工作日或周末）。除此之外，其空间布局对于女士的影响明显强于男士，例如工作日中，500 米内空间布局将影响 66.9% 的女士步行出行。从直观感受而言，四川北路北侧的商业氛围较好，人气相对较旺。在一定程度上，其北侧局部的空间布局与行人（特别是购物女士们）的较高相关度说明了：该部分的局部空间布局更容易被人们所感知和记忆，推动了步行人流的聚集，增加了商机。而这又反过来说明了：如果空间布局是与机动车出行模式相协同，而排除了步行出行模式，那么这样的空间流就是符合以车代步的生活模式，于是那些中小尺度建筑物，或宜人的场所精神，或人性化的氛围等，将会随之而弱化，乃至消失。因此，四川北路的衰落也与其整体空间布局服务于机动车有关，虽然其某些局部空间布局支持步行人流的聚集。

最后，基于上述空间流的实证分析，以修补空间连接模式为基础，重塑以人为中心的场所记忆。在四川北路南侧地铁站周边增加支路，强化东西向的空间连续性；在其北侧儿童公园和溧阳路社区中调整空间关联，强化精细肌理的模式。在大尺度（5公里）和小尺度（500米）两个层面上（图123），最大限度地提升空间效率，使得两种尺度上的效率中心区尽量吻合，促进空间结构、步行人流、车流等良好地协同和交织，共同形成为人服务的空间流。此外，针对每个公共空间节点，如东泰休闲广场（图124），结合空间可视性①，将商业活动、公共服务、历史文化活动、绿地休闲等合理地交织在一起，即借助空间流整合各种功能，优化功能布局模式，实行功能的混合和聚集，最终在空间之中营造场所记忆节点或地标。在一定程度上将空间流加以梳理和适度聚集，生成更为典型的空间场所，重建节点式的记忆。

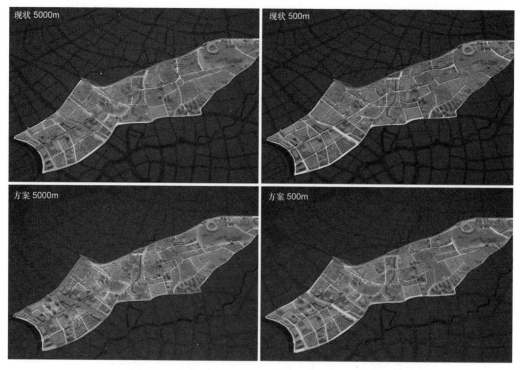

图 123　现状与改造方案的对比（红色表示数值高；蓝色表示数值低）

---

① 空间可视性指从某个空间节点到其他所有空间的可视程度。这是根据等视域的拓扑距离确定的。

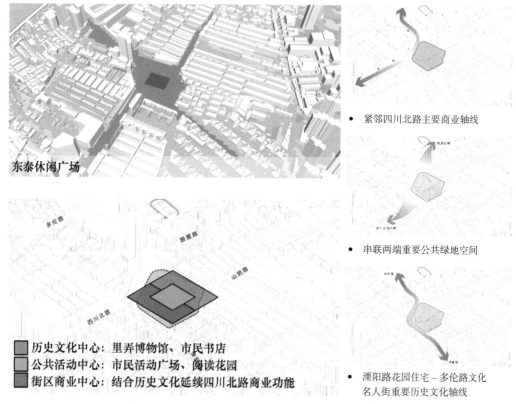

* 紧邻四川北路主要商业轴线

* 串联两端重要公共绿地空间

* 溧阳路花园住宅 – 多伦路文化
名人街重要历史文化轴线

图 124　上海东泰休闲广场不同功能流和视线变化之间的吻合度分析

　　在四川北路城市更新的案例中，可以发现该城市公共空间的连接方式以车行交通为导向，而未能有效地考虑步行交通的便捷性；当停车场以及小尺度的宜人空间等设置不合理时，城市公共空间就只是与车行模式相协同，共同形成了仅满足车行的"空间流"；进而，人们在此"空间流"中强化了以车代步的行为模式和行为记忆，无法体验到以人为中心的场所精神。如果这种以车行交通为优先的空间布局模式不加以改变，既使四川北路的街道立面或风格发生变化，该商业街的人气也难以提高。在这种意义上，日常"空间流"既是功能重组的基础媒介，也是场所构成的原始材料。因此，"空间流"本身性质的重塑是城市更新的出发点，也是场所记忆延续或升华的催化剂。

6.5.2　平安里山寿里

　　在上海平安里山寿里城市更新中，采用了以空间结构优化为主的设计策略。该地块位于虹口区南端、虹口港西侧，靠近外白渡桥；北至长治路，南到大名路，西邻峨眉路，东接溧阳路，总用地面积 35000 平方米。通过实地观测，并结合空间结构的分析，可发现该地段的历史肌理正在退化，内部交通不畅，外部交通阻隔；可识别性缺失，滨水空间完全断裂，空间活力不足。从而导致该地段成为虹口区南端的城市价值洼地，未充分发挥其与黄埔区空间衔接的潜力。因此，如何通过修补其空间结构发掘潜力，是该设计研究的重点之一。

首先，根据地段及其周边的空间分析，发掘出可以恢复或增加的支路，增强地段的内聚性，并且寻求地段内外空间结构更多的直接联系，在东西方向适度地强化密路网，增进与虹口港的联系潜力（图125）。从较大范围来看，空间结构的调整有效地增强了长治路、大名路以及虹口港沿河道路的空间效率（平均增加了21%），使得该地区通过白渡桥与黄埔区更为紧密地联系起来，提升了区位价值（图126）。从地段本身来看，结合空间结构与交通流量的综合分析，可以发现空间结构的调整使得步行可达性潜力增进了330%，特别是沿河人流量潜力显著提升；而穿越性机动车交通流量潜力只提升了8.75%，通过适当的机动车交通管控可以避免因加密道路网而吸引来的机动车流量。

其次，根据地段及其周边的视线分析，可以发现调整空间结构后，平均视线距离增加了4.35%，可视范围增加了2.6%，特别是长治路的视觉可识别性有了明显的改善（图127）。此外，针对该地段西侧街角的优势，结合建筑物拆迁的可能性对西侧街角的视线进一步分析，发现适度地提高建筑物的高度，可以强化该地段的视觉识别性，从黄埔区、虹口区腹地、黄埔江面上都有机会看到该地段上的建筑物，并与周边建筑物形成视觉和谐的错落关系。这也能从经济上适度地平衡该地段的开发。

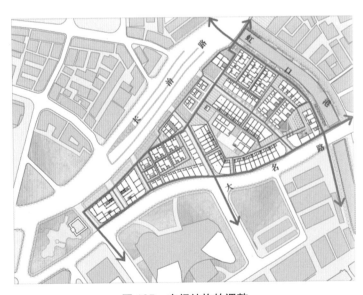

图 125　空间结构的调整

图 126　空间效率对比分析（左：现状；右：规划）

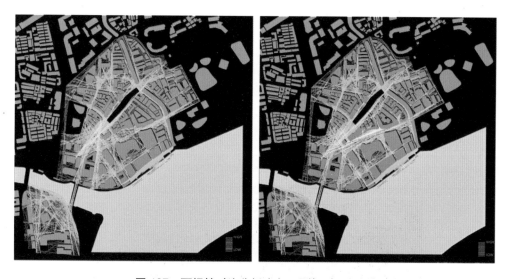

图 127　可视性对比分析（左：现状；右：规划）

最后，根据地段内的空间效率分布以及建筑物的情况，在保持大体空间格局不变的前提下，适度地拆除了一些违章搭建构造物，改善局部空间品质（图 128）。特别是为了实现虹口港滨水空间可达性的提升，在沿河地段抬高了道路，增加了局部泄洪基础设施，并改为步行区域，使得地段内部能直接与虹口港对话。与之同时，适度增加虹口港滨水空间界面的商业与娱乐休闲功能，并结合老旧建筑改造，充分利用屋顶空间，局部地增加建筑高度（图 129）。这不仅可以增加滨水空间的活力密度，而且使得空间效率较高的区段能进一步发挥其经济价值，促进城市更新的有效开展。

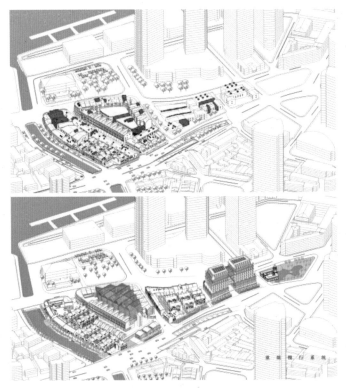

图 128　更新前后对比（上：现状，红色为临时搭建；下：方案）

图 129　沿河空间更新前后对比（上：现状；下：方案）

6.6　小结

当自上而下的城市规划设计演变为理性的包容性规划设计之后，承担责任的参与方更多，争论与协商也更多，各方是否能理性地讨论，考虑多方需求与市场变化，并形成可行的共识或者合作关系，这是规划设计得以实施的关键。因此，城市规划设计不再是静态的"制图"，而更注重多方交流的过程，也形成了无数辅助协商的理性平台。而空间句法的理论与方法则提供了一种理性而中立的交流方式，辅助各方讨论空间形态，以及与之相关的社会经济因素，如人车流、用地性质、人口构成、易犯罪场所、尾气污染等，促进各方讨论空间形态在城市活力、安全以及可持续发展等方面的折射，明晰空间形态的争论焦点，形成各方的共识。因此，空间句法被西方的空间规划与设计实践界逐步接受。同时，实践工程又提出了各种新课题与挑战，如山地城市空间形态对人车流的影响等，特别在包容性规划设计中，不管是政府部门、公共部门、私人部门，还是普通市民、志愿组织等都会提出更多的设想、需求、质疑以及批评，这又推动了空间句法进一步研究，发展新的理论与方法。

第7章 城市空间的分区活力

前四章基于不同地区的案例，探讨了空间句法的理论与方法如何应用到空间形态的分析和规划设计之中。不过城市形态与城市活力之间的关系是怎样的，该问题一直是规划设计实践的重点之一，这是由于具有丰富活力的城市是我们进行规划设计的核心目标之一，而在空间设计层面上，这又往往依赖空间形态的建构加以实现。在我国，小街坊、密路网的倡议近期又被提出来，于是人们又一次将较高密度的街道路网视为城市具有活力的重要因素之一。过去不少研究认为，较小的街坊块以及较密的街道网络都是现代工业化城市所缺乏的要素，使得那些城市缺少诸如历史老城那样丰富多彩的街头生活气息。简·雅各布斯就是其中典型的代表之一（Jacobs，1961）。美国新城市主义中，较高的街道密度也是其重要的判断指标之一。不过，很多学者也指出，不少新城市主义的城镇并未形成生机勃勃的氛围,反而往往空无一人（Talen,2005）。此外，威廉·怀特（William Whyte）对纽约进行了长期的录像观测，发现街道活力较高的场所未必出现在小街坊，有可能出现在狭长的广场、阳光充沛的嘈杂马路边、座椅合适的街头等地，并提出每个场所与其他场所的连通性至关重要（Whyte，2009）。比尔·希利尔研究低收入住宅中的社会和空间现象之后，也提出了相对于局部单纯的加密路网举措，空间之间的整体性联系才是为城市带来经济活力的主要动力；并明确了局部街道加密只是提升了局部的可达性，而整体性的可达性则是把城市各个部分聚集在一起的机制（Hillier & Hanson，1984；Hillier，1996）。另一方面，城市的活力看似来自其多样性，不同的城市分区具有不同的特征，那么这些城市分区与街道网络的密度有关系吗？这也带来一个问题，城市看似具有某种秩序，同时又具有貌似混乱的多元性，那么城市空间是如何平衡这种秩序和多样性的？本章将从空间流动的角度，关注城市分区秩序的空间规律，并探索可能的理论发展方向，试图对项目实践有所指导。

7.1 城市的空间分区

7.1.1 路网密度

先来大致看看北京和伦敦历史中心区以及伦敦道克兰区的空间情形。显然，北京和伦敦的历史中心区都发展得相对成熟；而伦敦道克兰区是 20 世纪 80 年代以来的城市更新，其中包括大量彼此独立的住宅小区或商务区，反映了现当代城市发展的理念之一。采用两个交叉口之间的线段长度类比街道路网的密度，可以发现伦敦道克兰区的线段长度最短，平均为 41.6 米；伦敦中心区其次，平均为 44.4 米；北京中心区最低，平均为 69.8 米。这其实反映了当代高密度建设的社区或小区或多或少受到了美国新城市主义或英国新乡村主义的影响，其开发的街道密度并不低，甚至要高于传统的历史城区。此外，这也体现了北京街坊规模或院落尺寸比伦敦的要大些，然而这并不暗示北京的街道活力就要低些。伦敦道克兰区的街道活力反而明显要低于伦敦中心区和北京中心区，而其街道路网的平均密度反而最高。再看一下轴线长度，也就是视线或运动趋势所限定的最长的线，以最小的数量遍及整个研究城区，我们较为诧异地发现：伦敦道克兰区的轴线平均最短，为 140.9 米；北京的其次，为 247.4 米；伦敦的最长，为 253.4 米。由于北京是明显的方格网结构，而伦敦是更为自由的结构，所以直觉上会认为北京应该具有平均最长的轴线。北京的轴线并未设想的那么长，这是由于北京的胡同空间基于较为封闭的里坊发展而来，且当地的封闭的小区或大院也不少，从而导致了北京的轴线在局部层面上较为细碎。

对于道克兰区，很明显在于其轴线被封闭小区、高档办公区等打断，形成了不少孤立的"岛屿"，并未形成如同老城区那样连绵细致的街道网络。因此，道克兰区反而并未在更大尺度上通过较长的视线轴线将各个片区有机地联系起来，这看似对其活力有一定影响。在很大程度上，这说明了城市的活力很可能并不是完全源于街道空间的平均密度，反而是源于城市在较大尺度上的彼此联系。

再看看街道网络密度。以 1200 米范围内街道线段的数量近似地度量街道网络密度（图 130），可以发现：伦敦高密度的街道网络集中在历史老城区，如老金融中心（The City）、西区以及泰晤士河南岸的一部分，呈现出明显的单中心结构；北京高密度的街道网络以故宫为中心，南北向更为强烈，也大致呈现出单中心结构，只不过体现为一个高密度的环，环所围绕的是相对低密度的故宫；伦敦道克兰区西面靠近老金融中心的部分有较高的密度，然后向东面逐步降低街道网络密度，只是在新金融城（Canary Wharf）和贝克顿（Beckton）密度有所提高，总体为从西到东逐步降低的趋势。然而，如果采用平均米制深度（Metric Mean Depth）或嵌入度，在上述三个案例中都会发现分区的现象（图 131），称为拼贴图案模式（Patchwork Pattern），貌似与某些地名所确定的分区类似。这说明了街道密度本身并不会推动分区现象的产生。于是，我们需要探索这些分区是由何种几何机制导致的。

a. 伦敦历史中心区街道密度图　　b. 北京历史中心区街道密度图

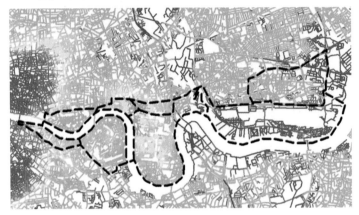

c. 伦敦道克兰区的街道密度图

图 130　三个案例的街道密度图

a. 伦敦历史中心区拼贴分区图案　　b. 北京历史中心区拼贴分区图案

c. 伦敦道克兰区的拼贴分区图案

图 131　三个案例的拼贴分区图案

7.1.2　"波峰与波谷"模式

过去的研究表明：由平均米制深度生成的分区模式可以转化为"波峰与波谷"模式，这一转化采用山形散点图，即纵轴为特定半径 K 的平均米制深度的倒数，横轴为半径 n 的平均米制深度。这为我们提供了一种方法，用于探索任何地区特定半径下的米制特征与整个网络的米制整合模式之间的关系。该方法应用于伦敦和北京的历史中心地区以及伦敦道克兰区。

在两个历史地区，可以发现所有由地名所界定的地区在特定半径下的山形散点图中呈现为波峰或波谷（图 132）。例如，当半径为 1600 米时，伦敦历史中心地区的老金融城（The City）呈现出明显的波峰，其顶端是伦敦皇家交易所和英格兰银行等，这里是米制整合度最大的地方，而其周边则呈现出绿色和蓝色的格网，表示空间上相对隔离；而布鲁姆斯伯里（Bloomsbury）则呈现出相反的情景，体现为波谷，其谷底是伦敦大学学院的神经学院和英国国家神经医学院，该地区在历史上就属于伦敦的大学校园区，其米制整合度最低，而它们周边的地区具有更高的米制整合度。又如半径为 1100 米时，北京历史中心地区的东四地区呈现出波峰，其顶端是铁营胡同，明朝属思诚坊，又名铁箭营，清朝称铁匠营，多有铁匠作坊，打马掌、制冷兵器，其米制整合度最大，周边米制整合度较小；而南锣鼓巷呈现出波谷，其谷底是东棉花胡同，中央戏剧学院就在旁边，其米制整合度最小。大致而言，与商业有关的地区往往会呈现出波峰模式，而与大型公共机构或封闭住宅有关的地区常常呈现出波谷模式。

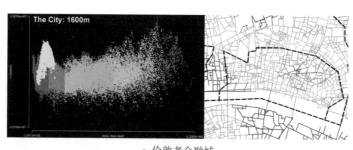

a. 伦敦老金融城

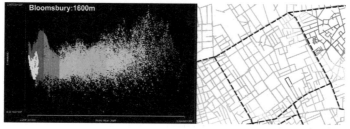

b. 伦敦布鲁姆斯伯里

图 132　伦敦和北京历史中心区的波峰和波谷模式（一）

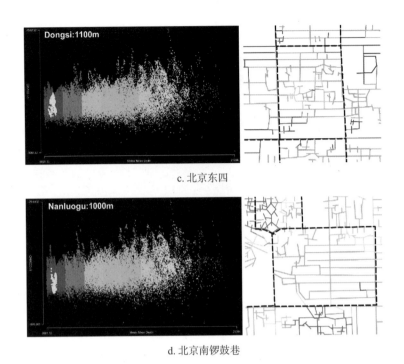

c. 北京东四

d. 北京南锣鼓巷

图 132　伦敦和北京历史中心区的波峰和波谷模式（二）

不过，在伦敦道克兰区案例之中，某些地名地区呈现出波峰或波谷，而某些地名地区则呈现出多个波峰或波谷，并不能在较高的半径下融合成为一个波峰或波谷（图 133）。例如，皇家码头（Royal Docks）地区在 1700 米下呈现出两个波峰，一个为银城（Silvertown），另一个为皇家码头机场南部的住宅区，在任何半径下它们都不能整合为一个统一的波峰或波谷。对于银城，在 400 米、500 米、700 米、1200 米都反复地呈现出波峰。与上述历史中心区相比较，这说明伦敦道克兰区由于其各个地区、社区，或小区彼此之间相对独立，常常被绿化或水道隔离，并未形成肌理上彼此交织的细致网络，所以各个地名地区并未融入周边地区，它们之间的空间非连续性随着度量半径的增加而被反复地识别出现，体现为不同半径下的波峰或波谷。

图 133　伦敦道克兰区的皇家码头的波峰和波谷模式图

7.1.3　空间拼贴与街道密度变化

不论伦敦和北京的历史中心地区还是伦敦道克兰区，在不同的半径下其空间网络都呈现出拼贴图案模式。要么是暖色的分区图案，对应于波峰；要么是冷色的分区图案，对应于波谷。这种波峰或波谷的模式貌似与希利尔的网格强化理论有关，该理论认为城市的增长导致了中心区的街坊块变小，而周边的街坊块则保持较大的规模，从而使得城市网络中从所有街道到其他街道之间的米制距离之和最优。那么，我们对每个暖色图案（波峰）或冷色图案（波谷）进行研究，比较构成分区图案的所有线段的特征以及那些参与形成分区图案的所有线段的特征，后者包含特定半径下形成的分区图案的所有线段在同样特定半径距离下连接到周边的线段，因为这些周边线段都参与到特定半径下米制平均距离的计算中。换言之，我们期望比较每个分区图案与其周边的关系。

图 134 显示了 1400 米半径下伦敦三片暖色分区图案和三片冷色分区图案。前者分别大致是老金融区、克勒肯维尔（Clerkenwell，即艺术和科技创意活动的聚集区）、苏荷（Soho）与考文特花园（Covent Garden）等构成的市中心活跃地区；后者分别大约为布鲁姆斯伯里（伦敦的一些大学所在地）、梅费尔（Mayfair）的一部分（即西区的高档办公住宅区）、威斯敏斯特（Westminster）。其中黑色部分为由 1400 米半径下米制平均距离所生成的分区图案，灰色部分为分区图案 1400 米范围内的周边地区。

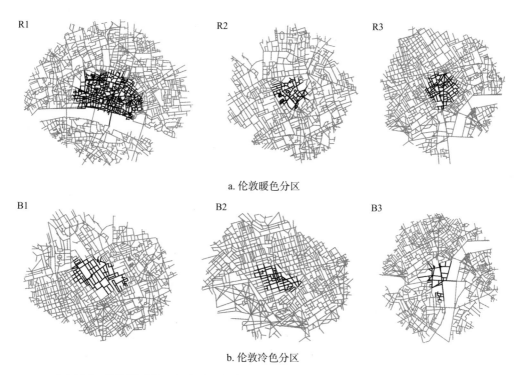

a. 伦敦暖色分区

b. 伦敦冷色分区

图 134　伦敦拼贴分区图案（黑色表示分区；灰色表示参与分区形成的周边地区）

　　从视觉上，很难区分黑色部分和灰色部分的街道密度。然而，定量的分析（表4）表明：对于暖色分区图案而言，黑色部分的平均街道长度小于灰色部分的，且黑色与灰色的比例均值为0.74，差别较为明显；而对于冷色分区图案而言，灰色部分的平价街道长度小于黑色部分的，且黑色与灰色的比例均值为1.40，差异较为显著。对于伦敦其他的分区图案进行同样的分析，得到同样的结论。这说明伦敦的暖色分区的街道密度比其周边的更高，而冷色分区的街道密度比其周边的更低。

伦敦拼贴分区及其周边的街道线段长度　　　　　表4

序号	平均街道长度		
	拼贴分区图案（黑色）(m)	周边地区（灰色）(m)	比例（黑/灰）
R1	31.75	47.14	0.67
R2	38.00	51.02	0.75
R3	38.36	48.02	0.80
R平均值	36.04	48.73	0.74
B1	79.74	50.12	1.59
B2	68.31	52.45	1.30
B3	57.80	44.58	1.30
B平均值	68.62	49.05	1.40

　　对于北京1400米半径下的分区图案和伦敦道克兰区1200米半径下的分区图案进行分析，也可以得到完全相同的结论。表5将三个案例中所有分区图案的街道长度平均值进行了进一步分析，还比较了它们的平均连接度，即每条街道段连接其他街道的数量。这两个变量都反映了街道的密度。对于暖色分区而言，黑色部分的街道长度均值要明显小于周边灰色的，而黑色部分的连接度均值只是稍微高于周边灰色部分，这说明了暖色分区的街坊块大小要明显小于周边灰色的。对于冷色分区而言，黑色部分的街道长度均值显著地大于周边灰色的，而黑色部分的连接度均值只是些许低于周边灰色部分，这表明了冷色分区的街坊块大小明显大于周边灰色。

三个案例中暖冷拼贴分区及其周边的街道线段长度和街道连接度　　表5

地域	分区图案	连接度均值			街道长度均值		
		拼贴分区图案（黑色）	周边地区（灰色）	比例（黑/灰）	拼贴分区图案（黑色）(m)	周边地区（灰色）(m)	比例（黑/灰）
伦敦中心区（1400m）	暖色	4.910	4.699	1.045	49.013	56.351	0.858
	冷色	4.813	4.817	0.999	62.026	45.540	1.355

续表

地域	分区图案	连接度均值			街道长度均值		
		拼贴分区图案（黑色）	周边地区（灰色）	比例（黑/灰）	拼贴分区图案（黑色）(m)	周边地区（灰色）(m)	比例（黑/灰）
北京中心区（1700m）	暖色	4.164	4.139	1.006	63.689	78.633	0.807
	冷色	4.137	4.191	0.988	104.857	70.010	1.500
伦敦道克兰区（1200m）	暖色	4.299	4.178	1.031	38.637	46.806	0.821
	冷色	3.952	4.222	0.935	56.233	45.539	1.234

除了上述的普遍性规律，还发现虽然伦敦道克兰区的暖色或冷色分区图案的街道平均长度都小于伦敦和北京中心区，但是伦敦道克兰区的冷色分区图案的街道平均连接度却明显小于后两者。在一定程度上，这反映了伦敦道克兰区冷色分区作为暖色分区的空间分隔，其空间非连续性尤为明显，即各个分区之间的联系性较弱。

不过，这三个案例都反映出暖色分区图案与冷色分区图案彼此相邻，构成了周期性相间的结构（Periodic Structure）。它实际上暗示了街道密度更大的分区与街道密度更小的分区彼此相邻出现，而对于每个分区又存在更为精巧的空间结构布局差异。波峰与波谷的模式也体现了这种周期性特征。暖色分区对应于波峰，即分区中存在米制整合度最高的中心，对应于峰顶，也就是街坊块较小的部分，而其周边地区的街坊块较大，这称之为"中心－边缘"母题；冷色分区对应于波谷，即分区中存在米制整合度最低的"边缘"，对应于谷底，也就是街坊块较大的部分，而其周边地区的街坊块较小，这称之为"边缘－中心"母题。因此，我们假设周期性相间的结构来自非均匀街道密度的变化，即街道密度的变化才是城市分区的内在空间形态机制。

7.1.4　两个基本母题

基于米制平均距离而生成的拼贴分区图案，不管是暖色的还是冷色的，都有位于城市中心区的，也有位于城市边缘的。然而，城市中心与边缘的街道密度肯定不一样，那么为什么那些拼贴分区图案都具有类似的米制平均距离？在此，我们采用概念性的案例加以研究。图 135 展示了两个"中心－边缘"母题，而其密度明显不一样。第一个代表位于城市边缘地区的"中心－边缘"母题，第二个代表位于城市中心地区的"中心－边缘"母题。对于图中带黑点的那条线段，前者的米制嵌入度（即街道随尺度变化的速率）为 1.56 以及其米制平均距离为 9.03；而后者的米制嵌入度则为 1.59 以及其米制平均距离为 9.07。两者的数值非常接近，都反映出"中心－边缘"母题中街坊块的大小从中心向边缘逐步变小的趋势。这说明了暖色拼贴分区图案的出现在于街坊块于局部层面上由中心向边缘逐步变小的速率。

此外，图 135 还显示了两个"边缘 – 中心"母题，而其密度也明显不一样。同样，第一个代表位于城市边缘地区，第二个代表位于城市中心地区。对于图中带黑点的那条线段，前者的米制嵌入度（即街道随尺度变化的速率）为 2.14，米制平均距离为 10.1；而后者的米制嵌入度则为 2.15，米制平均距离为 10.0。两者的数值非常接近，都反映出"边缘 – 中心"母题中街坊块的大小从中心向边缘逐步变大的趋势。也就是说，不管城市中心区还是城市边缘区，冷色拼贴分区图案的出现都源于局部层面上街坊块从中心到边缘逐步增大的空间机制。

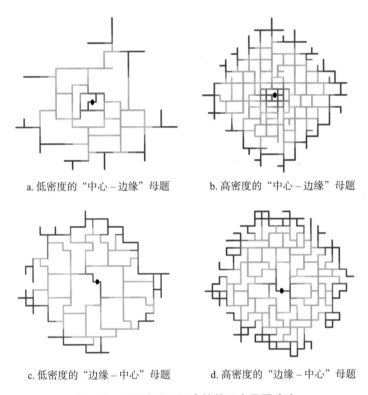

a.低密度的"中心 – 边缘"母题　　　　b.高密度的"中心 – 边缘"母题

c.低密度的"边缘 – 中心"母题　　　　d.高密度的"边缘 – 中心"母题

图 135　不同密度下概念性的两个母题试验

普遍而言，上述分析体现了一种几何布局方式，从每个街坊块的角度来看，其周边的街坊块大小都随距离该街坊块的远近而发生变化。对于整个城市空间网络而言，其街道密度并不是匀质的；不同的分区具有不同街道密度的变化速率，并导致了分区本身的形成。更为精确地说，几何布局的概念包括两方面的因素，即街道密度与半径变化率。对于空间句法的线段图而言，街道密度就是特定单位半径之内的线段数量。这实际上反映了静态的街道加密的几何特征，即街坊块本身的大小特征。而半径本身可视为一种工具，选择距离某个原点线段的特定半径范围内的线段总量，可视为一种覆盖区域（catchment area）。于是，半径的变化速率可认为是一种覆盖区域的变化程度，同时也暗示了从特定街道看待或感知周边覆盖区域的变化程度，称之为局部几何动态变化。换言之，伴随认知半径的变化，一系列从特定街道认知周边覆盖区域内街道密度或街坊块大小的变化，构成了局部的几何动态变化特征，其中动态的街道密度变化速率貌似导致了拼贴分区的形成。

街道密度可由较小半径下的街道线段数量（简称 NC RK）近似模拟，我们分析不同冷暖拼贴分区内单独线段的 NC_{Rk} 随半径变化的速率。例如，在伦敦历史中心区案例之中，我们选择半径为 1400 米的拼贴分区图案，从红色、橙色以及蓝色的分区中分别随机地选择出三条线段。这些线段嵌入其周边地区的轨迹可由 NC RK 与半径之间的散点图表达。图 136 显示来自红色分区中的轨迹更直，而来自蓝色分区中的轨迹更为弯曲。非线性的拟合分析表明这些轨迹都符合幂指数曲线，可以表达为 $NC_K = H \times K^{\alpha}$，其中 NC_K 代表街道线段数量，H 代表规模参数，α 代表指数参数，K 代表半径。

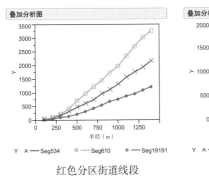

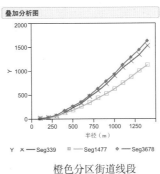

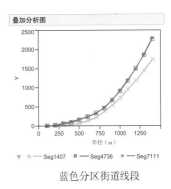

| 红色分区街道线段 | 橙色分区街道线段 | 蓝色分区街道线段 |

图 136　个体线段融入周边地区的轨迹

表 6 展示红色、橙色、蓝色分区中线段的米制平均距离、街道线段数量、规模参数以及指数参数。显然，同一类色彩分区中的米制平均距离和指数参数基本接近，而街道线段数量和规模参数差异较大。例如，线段 610 来自老金融城，而线段 19191 来自皮米里科（Pimlico），后者为相对远离市中心区的住宅区。前者的街道线段数量是后者的 2.7 倍，而两者的指数参数（或米制平均距离）几乎相同。由于 1400 米并不大，1400 米以内的街道线段数量也代表了这两个区的街道密度，从而表明了同一类色彩分区（如老金融区和皮米里科）的街道数量或其密度本身有可能差异较大，但是代表街道密度变化率的指数则保持相对的稳定。

个体街道线段的米制平均距离、街道线段数量、规模参数以及指数参数　　表6

序号	Seg19191	Seg534	Seg610	Seg1477	Seg339	Seg3678	Seg1407	Seg4736	Seg7111
分区色彩	红	红	红	橙	橙	橙	蓝	蓝	蓝
米制半径距离 （半径 1400m）	818.2	817.7	818.5	863.4	865.7	863.6	1004.4	1004.3	1005.2
街道线段数量 （半径 1400m）	1208	2159	3248	1125	1523	1638	1728	2268	2294
规模参数 H	1.71E-02	3.52E-02	5.19E-02	2.73E-03	3.93E-03	5.25E-03	2.82E-06	5.22E-06	5.38E-06
指数参数 α	1.54	1.52	1.53	1.79	1.78	1.75	2.80	2.75	2.74

实际上，在统计学意义上，我们确认了从半径 400 米到 1400 米之间，95% 的伦敦街道的 *NC RK* 与半径之间存在幂指数关系，其 R2 为 0.9。同时，也发现幂指数参数与米制平均距离之间存在较强的相关性，其 R2 为 0.813。这充分说明了拼贴分区图案的出现来自街道密度变化率。此外，所有暖色分区内的线段具有小于 2 的幂指数，而所有冷色分区内的具有大于 2 的幂指数。从理论上来说，完全匀质分布的网格的幂指数接近 2，实际上代表了二维的平面空间。当幂指数小于 2 时，表明随半径增长，暖色分区的米制整合中心的街坊块遇到越来越多的较大街坊块，即"中心 – 边缘"母题；而当幂指数大于 2 时，表明随半径增长，冷色分区的米制整合中心的街坊块遇到越来越多的较小街坊块，即"边缘 – 中心"母题。这说明了两个母题本质上代表着城市网络的维度变形（dimensional distortion of urban grid），其细致的变化代表了城市空间网络的复杂性。

7.1.5　多尺度的网络加密

那么，为什么城市空间网络不是匀质的？这是否存在几何上的机制因素？我们开展一个概念性的试验。图 137 是 700 米 × 700 米的方格网，每个单元的一侧由 10 根 1 米长的线段组成。该方格网称之为 Grid A，其中心还有一个 300 米 ×300 米次级方格网，由红线标示出来，称之为 SGrid A。一方面，将 300 米 ×300 米次级方格网的中心区进行加密，但保持总体的线段数目不变，SGrid B 的中心加密程度最大，SGrid B1 的次之，而 SGrid B2 的最小。它们共同构成了"中心 – 边缘"母题。另一方面，将 300 米 ×300 米次级方格网的边缘区进行加密，但保持总体的线段数目不变，SGrid C 的边缘加密程度最大，SGrid C1 的次之，而 SGrid C2 的最小。它们共同构成了"边缘 – 中心"母题。

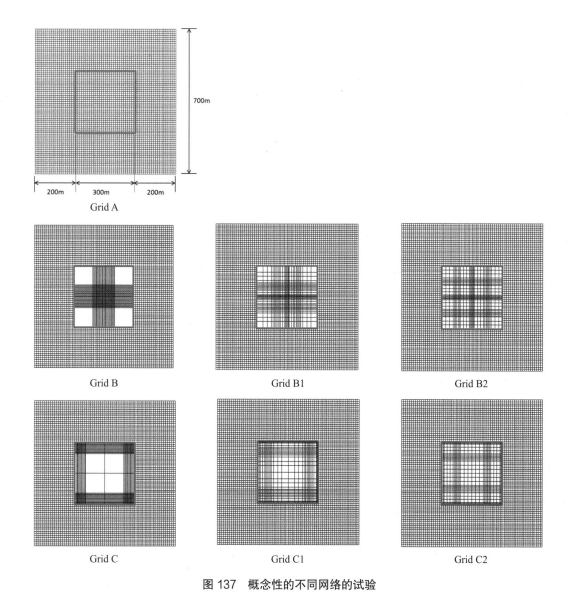

图 137　概念性的不同网络的试验

　　表 7 显示了所有 300 米 × 300 米次级方格网的米制平均距离（MMD），半径从 20 米到 200 米，彼此间隔 20 米，最后的半径为 n，即无限半径。其中红色表示 MMD 的数值大，也就是米制整合度低。显然，匀质的网络中 300 米 × 300 米次级方格网并不具备最为整合的特征。从 20 米到 40 米，SGrids C 和 B（分别代表了"边缘－中心"母题和"中心－边缘"母题）最为整合；从 60 米到 80 米，SGrids C2 和 B2 最为整合，而 Grids B 反而最为隔离；从 100 米到 160 米，SGrid C2（某种"边缘－中心"母题）居然最为整合；从 180 米到 200 米直到 n，SGrid B 最为整合。这说明了以下两点：第一，匀质方格网的中央部分转变为"边缘－中心"母题或"中心－边缘"母题，在中小半

径下米制平均距离将会变小，也就是变得米制上更为整合。第二，作为"边缘 – 中心"母题的次级中心网络在较小和中等半径下都具有较好的整合度，而作为"中心 – 边缘"母题的则在较小和较大半径下都具有较高的整合度。这也暗示了非均质的网络具有较高的整合度。

不同的 300 米 ×300 米次级方格网的米制平均距离（MMD） 表 7

	MMD_R20	MMD_R40	MMD_R60	MMD_R80	MMD_R100	MMD_R120	MMD_R140	MMD_R160	MMD_R180	MMD_R200	MMD_n
SGrid A	13.0	26.5	39.8	53.1	66.4	79.7	93.1	106.4	119.7	133.0	372.9
SGrid B	11.8	25.8	41.6	55.9	69.5	82.1	94.2	106.0	117.8	129.6	361.7
SGrid B1	12.8	26.7	40.1	53.4	66.6	79.7	92.7	105.7	118.5	131.4	365.4
SGrid B2	12.8	26.4	39.5	52.9	66.4	79.7	92.8	106.1	119.3	132.4	369.0
SGrid C	11.8	25.6	40.9	54.5	67.6	80.3	92.9	105.5	118.4	131.4	388.0
SGrid C1	12.7	26.5	39.8	52.9	65.9	78.9	92.0	105.1	118.4	131.9	380.4
SGrid C2	12.7	26.3	39.5	52.8	66.2	79.4	92.6	106.0	119.4	132.9	376.9

　　表 8 显示了所有 700 米 ×700 米整体方格网的米制平均距离（MMD），半径从 20 米到 200 米，彼此间隔 20 米，最后的半径为 *n*，即无限半径。从 20 米到 40 米，Grids B 和 C 更为整合；从 60 米到 100 米，Grids B2 和 C2 更为整合；从 100 米到 140 米，Grids B1 和 C1 更为整合；从 160 米到 200 米，直到 *n*，Grid B 更为整合。这说明在半径小于 140 米时，中心次级网络的加密，不管是其中心抑或其边缘加密，整体网络的米制平均距离将会变小；而半径大于 140 米时，显然"中心 – 边缘"的母题将有助于使得整体网络变得更为整合。这表明次级网络在其中心或边缘的加密，都将使整体网络变得在米制距离上更为整合。

不同的 700 米 ×700 米整体方格网的米制平均距离（MMD） 表 8

	MMD_R20	MMD_R40	MMD_R60	MMD_R80	MMD_R100	MMD_R120	MMD_R140	MMD_R160	MMD_R180	MMD_R200	MMD_n
Grid A	13.0	26.3	39.4	52.4	65.4	78.3	91.0	103.7	116.3	128.8	470.0
Grid B	12.8	26.2	39.7	52.9	65.8	78.5	91.0	103.4	115.7	127.9	467.8
Grid B1	12.9	26.3	39.4	52.4	65.3	78.2	90.9	103.5	116.0	128.5	468.2
Grid B2	13.0	26.3	39.3	52.4	65.3	78.2	91.0	103.6	116.2	128.7	469.1
Grid C	12.8	26.1	39.7	52.8	65.7	78.5	91.2	103.7	116.2	128.6	474.3
Grid C1	12.9	26.3	39.5	52.5	65.4	78.2	90.9	103.5	116.1	128.6	471.9
Grid C2	12.9	26.3	39.4	52.4	65.4	78.2	91.0	103.7	116.3	128.8	471.0

从理论上看，整个城市采用"中心－边缘"母题，将会使整个城市层面上的米制平均距离最小；而在中小尺度之上，局部层面的"中心－边缘"母题或"边缘－中心"母题相互伴随出现，也将使米制平均距离降低。因此，本节认为城市存在不同尺度的网络加密，这结合了整体层面上的"中心－边缘"母题以及中小尺度上周期性交替出现且彼此依赖的两种母题，从而使得城市同时在不同尺度上优化米制空间整合程度，推动不同尺度上的街道之间的彼此可达性或可渗透性，使得城市的几何布局满足不同尺度的多样化功能需求。在这种意义上，周期性出现的拼贴分区图案来自一种非整体性（或中微观层面上）的几何变化机制。

基于上述概念性试验的讨论以及相关的实证性研究，本节认为：城市不应该视为一组街道密度不同且边界明确的组团或社区构成的空间网络，同时也不宜被类比为一组细胞构成的机体；城市应该视为连续性的整体空间网络，其中不同部分的街道密度随尺度的变化而加以变化，从而优化所有尺度下街道之间的可达性。在这种意义上，不同尺度下所有街道空间的最优连接程度使得城市不再是匀质网络，从而体现为街道密度随尺度的变化（或我们感知城市的范围变化）而不断地变化，可类比为多维网络的波峰和波谷的动态起伏。因此，城市的分区只是其街道密度变化速率的一种折射现象。不同的功能分区或社会聚集本质上对应于不同尺度上空间彼此连接的紧密程度的变化，通过这种变化使得某些功能混合聚集在一起，同时使得某些功能主导性地占据城市某些位置，甚至排斥其他功能的侵入。在很大程度上，街道密度本身只是局部的结果表现，而街道密度的变化率则体现街道之间的彼此连接程度，后者才是城市富有多元活力的几何形体的支持。因此，从实践的角度，我们不仅要关注小街区和密路网，更要关注街区大小或路网密度变化的方式及其所对应的功能混合、整合或甚至排斥。从而，我们可获得更为多样而有机的城市复杂整体，其中有小街区、中街坊、大院和商业步行街、高速公路等城市多元要素。正如最近的空间句法研究表明：街道本身就是社群交流的场所，不同的连接方式推动了不同程度的社会融合和交流（Vaughan，2018：215）。当我们从不同的尺度和不同的空间连接方式看待城市的时候，也许我们看到的是不同维度的城市空间及其功能活动。空间的构成关系也许促进了社会经济活动的分类或融合（Omer，Goldblatt，2012；Law，2017；Major，2018），然而社会经济活动的分类本身同样也使空间的连接紧密程度得以分化。于是，在物质空间建设与社会经济活动之间，空间连接程度成为一种互动的界面，而这种界面的密度变化成为一种分类的工具。

7.2　城市功能的空间区位

7.2.1　功能的空间效率

那么，空间连接程度如何影响到功能在空间布局的分类？本节采用空间效率的变量，基于成都和上海的实证案例对该问题进行分析。成都与上海的空间效率均值与极值都相对一般，代表了典型城市的空间形态特征，虽然这两个城市的地理位置和文化特征差别较大。因此，进一步以这两个城市为例，研究其功能的空间分布以及与空间效率的关系。以往对北京案例的研究（杨滔，2018）表明了城市中偏营利型的功能呈现非均质聚集，而偏公共型的功能则体现出一定程度的均质离散。成都与上海的案例，也佐证了这个观点。如图 138 所示，这两个城市的商业设施都偏向于在中心区聚集，而其公共服务设施则偏向于相对较为离散的分布。这体现了不同城市功能本身对于空间聚集与分散的不同诉求。

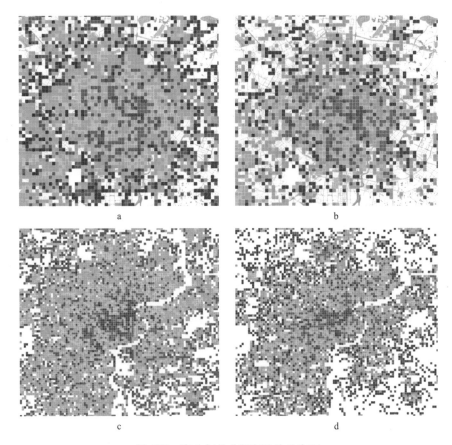

图 138　商业与公共服务设施分布图

（a. 成都商业；b. 成都公共服务；c. 上海商业；d. 上海公共服务）

　　这种城市功能在空间上聚集与分散的特征也体现在多重尺度的空间效率之中（图 139）。采用散点图来分析，横轴表示 50 公里的空间效率，纵轴表示 1 公里的空间效率。前者代表城市层面上整体空间区位优劣，后者说明邻里层面上局部空间区位好坏。如图 139a 所示，左为上海，右为成都。商业服务业位于整体和局部空间效率都好的区段，且更偏向整体效率更高的区段；而公共管理和公共服务则位于空间效率一般的区段。不过，相对于上海，成都的绿地则位于整体空间效率较高的区段，而其居住则位于整体空间效率较低的区段。

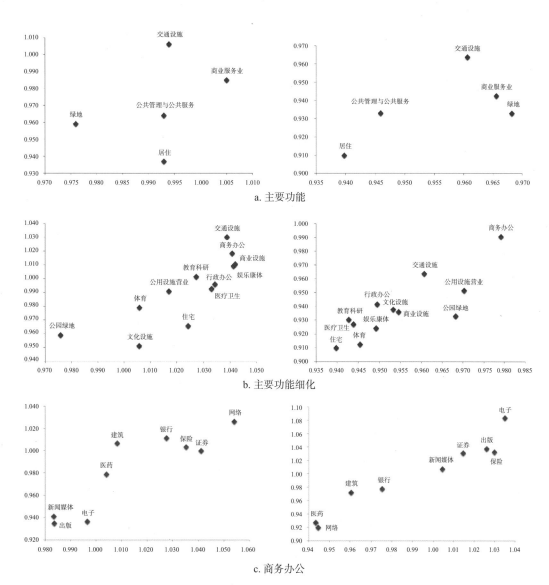

图 139　上海与成都的不同功能的空间效率（一）

（左：上海；右：成都）

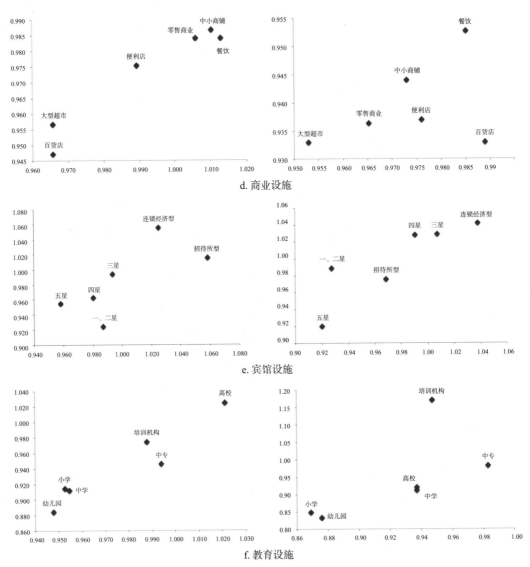

d. 商业设施

e. 宾馆设施

f. 教育设施

图 139　上海与成都的不同功能的空间效率（二）

（左：上海；右：成都）

7.2.2　功能的空间分区

对商业服务业进一步细分（图 139b），可发现这两个案例中，商务办公都占据了整体和局部空间效率较高的区段；上海的商业设施与娱乐康体都紧跟商务办公，也占据了类似空间效率较高的地段，而成都的这两项功能则位于空间效率一般的地段。对于公共管理和公共服务细分（图 139b），则可发现成都的公共设施营业、文化设施、行政办公甚至比其商业设施与娱乐康体具有更好的区位，而上海则与之相反。这在很大程度上说明了上海的商业文化强于成都，并映射到空间格局中。

对商务办公细分（图 139c），可发现这两个城市的较大差别。上海的网络、银行、保险、证券占据了整体和局部空间效率较高的区段，而成都的网络则位于空间效率最低的区段，虽然其证券、保险还是位于空间效率较高的区段。不过，成都的银行所占据区段的空间效率一般，而其出版和新闻媒体则占据较好的区段。与之对比，上海的出版和新闻媒体则位于效率相对较低的区段。这体现了两个城市不同的主导产业在空间的竞争力。上海以金融和网络为主，而成都以媒体和电子为主。

对商业设施细分（图 139d），可发现其共同点仍然是规模偏小的营利设施更加依赖于效率较高的空间，而规模偏大的营利设施则并不完全依赖空间效率。不过，两个城市的不同点也非常明显。成都的餐饮非常突出，与其他功能相比，占据了整体和局部空间效率较高的区段，而上海的餐饮与中小商铺和零售商业比较类似；成都的百货店仍然占据了整体空间效率最高的区段，而上海的百货店则位于空间效率相对最低的区段。这说明了成都的餐饮文化在空间上更为显性，且百货店这种传统商业空间模式还是城市的主导空间之一。

对宾馆设施细分（图 139e）。虽然在这两个城市中，连锁经济型酒店占据整体和局部空间效率较高的区段，而五星酒店则位于空间效率相对较低的区段，然而与上海相比，成都的三、四星酒店位于整体和局部空间效率更高的区段，一、二星宾馆则位于局部空间效率更高的区段。这说明除了五星酒店，成都的宾馆设施对空间结构的依赖性较强，而上海的宾馆设施则对品牌的依赖更大。此外，上海招待所型的宾馆仍然占据整体和局部空间效率较高的区段，这也许与上海曾经是工业城市有关，国企和事业单位等仍然位于空间区位较好的区段。

对教育设施细分（图 139f）。在这两个城市中，幼儿园和小学都位于空间效率较低的区段，因为这类偏公共服务类的机构对于空间的依赖性较低，更注重口碑与品牌。在上海，高校占据了整体和局部空间效率都较高的区段；而在成都，培训机构占据局部空间效率很高的区段，中专位于整体空间效率很高的区段。这说明了上海高等教育资源对城市空间的影响力较大，而成都培训与中专等技能型教育资源对于城市空间的依赖性更大。

上述的对比分析揭示了：虽然在统计数值上成都与上海的空间效率类似，然而其不同的功能资源对整体和局部空间效率的利用并不相同，占据着空间结构中不同的区段，体现了各自城市的特质与功能定位。因此，在一定程度上，城市的功能特征正是通过不同尺度的空间结构布局体现出来，让人们能够在真实空间的使用过程中感知到；不同功能在不同区段出现的先后次序折射出那些功能对于空间效率的依赖程度，整体反映出城市中可识别的功能风貌，并融入了日常生活的方方面面。

7.3　小结

　　本章认为城市空间结构优化的过程之中，物质空间形态本身以及城市功能的空间布局之间存在复杂而有机的互动关系，这在一定程度上受制于城市空间形态本身的几何规律，体现为空间效率的自我优化。一方面，城市空间形态寻求最大的空间整合度，并保持穿越频率较高的空间更为匀质地遍布在空间形态中，形成城市空间结构的骨架。因此，城市空间形态会在长条形空间格网和方形空间格网之间摇摆，最终使得长条形空间格网"折叠"在方形空间范围之内，形成"断裂方格网"，实现空间效率的最优化。另一方面，在较大尺度下，"中心–边缘"模式（即中心小街坊而边缘大街坊的模式）将有效地增加城市空间的全局整合性，而在中小尺度上，"边缘–中心"模式（即边缘小街坊而中心大街坊的模式）也有可能增加城市空间的局部整合性。这体现为城市空间在发展之初往往呈现"一张皮"的发展模式，寻求较小尺度的整合性，而在成熟之后，将会向"一张皮"的两翼发展，形成片区，最终形成多中心的格局，以获得不同尺度整合程度的综合优化。在此空间几何规律的限制之下，城市空间形态将呈现出非均匀的格局，如城市分区或城市不同规模中心的出现等。从而，城市不同区段的空间效率将会有所差异；与之同时，不同性质的功能将会占据并利用这种空间效率的差异；进而形成物质空间形态与功能布局之间的互动和反馈机制，最终使得合适的功能位于合适的区段上，形成每个城市独特的空间与功能风貌。在城市更新的过程中，这种物质空间形态与功能布局之间的互动优化机制是形成活力空间的核心。

第8章　未来智慧城镇的空间设计设想

在过去空间句法的实践中，数学化的分析技术为空间规划和空间设计提供了一部分基础性的信息，并为空间形态的创新提供了可检验的路径，其中设计者的灵感与分析技术的理性相得益彰。本章针对未来城市发展的可能方向，探索基于空间网络运行绩效的空间设计方法论，并论述空间句法在规划设计管理全流程中的辅助性作用，试图建构起面向人机互动、物质形态与社会经济互动、空间与载体互动的设计框架。

8.1　城镇智能生命体

在历史上，驱动城镇空间形态变化的力量除了社会经济之外，还有科技因素，特别是对交通和交流有重要影响的科技因素。例如，霍华德"田园城市"的出现本质上源于小汽车和轨道交通的出现。那么，在新兴信息技术发达的今天，未来城镇会出现哪些空间上的变化？

1. 未来城镇形态与便携式社交媒体（Portable Social Media）：便携式社交媒体改变了人们的交流方式，例如当今的滴滴打车和未来的智能家具媒体变革了人们的行为方式，那么未来城镇形态将如何变化？

2. 未来城镇形态与智能飞行器：当今的飞行器快递和未来的智能飞行器如何改变城镇的形态，更为三维聚集，还是更为三维分散（如空中城镇）；如何改变各国之间的地理距离、就业、国家税收等，是否将形成"世界三维新城"，即智能飞行器枢纽？

3. 未来建成环境形态与虚拟现实购物：Oculus 头盔提供了虚拟现实的购物体验，包括对服装的试穿体验或对室内装修的即时选择，实现面对用户的个人化设计，这对建筑和城镇形态的影响如何？

4. 智能基础设施的设计：水、电、气等基础设施智能化和便携化之后，如何整体性和创意性地设计这些貌似无趣的基础设施？

5. 脑神经控制设计：大脑形象概念如何转化为电脑中的图像，形成设计方案，实现人机深度互动式设计？

6. 工业制造 4.0 与外太空城镇设计：定制划的工业设计如何根据不同的外太空条件

和不同客户的喜好，快速建造城镇？

7. 未来设计与公共参与融合的平台：通过智能化、便携式、互动式的平台，缩短设计师与客户之间的距离，缩短公众与城镇建设之间的距离，实现真正的群众设计，这又如何改变城镇整体形态？

这些问题中隐含了城镇空间模式的变化设想，即在天地人机一体化的信息社会的今天，新一代信息技术或物联网技术等将孕育出泛在的虚拟空间，无所不在且渗透性很强。这使更多的城镇获得了更多彼此分离的可能性，同时又通过新兴技术在虚拟空间彼此联系，从而形成了更为匀质化的区域城镇空间格局（图140）。在这种意义上，坚持以人为本，以万物互联、人机交互、天地一体、安全可信的网络空间为基础，以数字化、网络化、智能化为手段，深度运用大数据、物联网、人工智能、区块链等信息技术，推动物理与虚拟城镇融合共生；以数据为核心驱动，实现城镇政务数据资源和社会数据资源的融合共享，推进前沿信息技术与城镇规划建设、社会治理、经济发展、人民生活深度结合，形成生产、生活和生态空间的有机统一，人、机、物三元融合的"城镇智能生命体"。

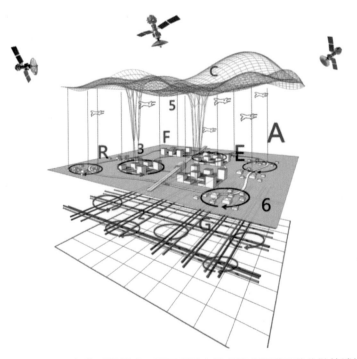

图140　未来理想的城镇模式，即无所不在的虚拟空间联系着分散的城镇

8.2 未来智慧城镇的空间网络绩效

设计使新兴智慧城镇变得更高效、更重要。这些更高效的智慧城镇从生活、工作、出访、创造、创新和庆祝等各方面支持着居民的生活。设计不仅存在于可见的城镇，以及人们移动和交互的建筑和城镇空间，而且存在于无形的城镇，即支持城镇生活的隧道、管道、电缆和数字网络。此外，设计可以改善城镇的有形和无形产品，还可以让制定的资金流和决策方式的流程更为优化。

因此，创建一个新的城镇，无形的设计和有形的设计一样多，过程的设计和产品的设计一样多。此外，串联所有问题的共同线索是实体和虚拟网络的设计。当城镇运行顺利的时候，它们不是依靠任何单独的建筑、空间或个人实力，而是依靠整体网络的实力。必须同时考虑三种关键类型的智慧网络：

（1）实体网络。包括建筑物、街道、广场和公园的物理和空间网络，以及连接所有东西的管道网络，即电缆和数字光纤等所构成的网络。"地方化设计"侧重于什么东西在什么位置，以及如何将它们连接在一起。

（2）金融网络。金融工具可以为地方建设付款，然后通过创造营业收入和税收支持城镇的持续经营。不能认为这些机制是理所当然的。它们因地而异，就如同城镇的物理设计一样可以改变和创新。因此，"财务设计"是未来成功的关键因素。

（3）治理网络。公共、私营和其他组织用于管理未来城镇发展计划的决策系统的设计。治理网络包括与其他组织和个人进行协商，帮助制定决策。与"地方设计"和"财务设计"一样，"治理设计"对创新开放，受制于局部变化，以适应文化期望。

设计过程往往很吸引人。当考虑到新的建筑材料、新的施工技术、新的运输形式，甚至一个新的大型建筑时，还需要考虑一种新的金融工具或新的参与式规划形式，使新物质实体的实现获得经济上的支持。这些想法往往具有普遍性。但都是某种智慧手段方法或智慧工具细节。因此，我们需要将重点放在未来智慧城镇的效果上，这将对于我们理解智慧城镇更为有利。那么，未来的智慧城镇都能做些什么？

我们可以设想出三个典型的智慧城镇效果：（1）健康。人们希望在自己居住的城镇里身心俱佳；然而孤独和早逝等模式被证明影响了城镇的氛围。未来的智慧城镇首先需要刺激体力锻炼，激发社会生活。如果不这样做，那么无论建筑有多智能，开放空间有多便捷，数字网络和运输系统速度有多快，人们都不会真正实现这些目标。（2）财富。伟大的城镇产生巨大的财富，无论是工业产出和就业，或者文化生产力和丰富度。（3）幸福。在这里的关键问题是社会凝聚力、地方意识，以及这个地方对访客和长期"参与者"的吸引力，无论他们是居民、员工或两者皆是。幸福感对经济、政治和社会生活的重要性都不应被低估。

8.3　面向空间运行绩效的智慧城镇

随着大数据相关技术的兴起，数据与各类应用互相促进，数据采集、共享、开放、利用成为智慧城镇建设中的重要因素，各国纷纷将数据聚享列为智慧城镇发展的核心要素。基于数据共享，可以围绕文化、教育、家庭、住房、交通与出游等一系列主题串联起的多个服务事项形成一站式服务能力，在大幅提升市民体验的同时简化了城镇管理流程。数据开放被越来越多地应用到各个行业领域，形成政府、服务商、个体开放互动的新城镇生态，变革传统城镇治理服务模式。基于数据的机器学习、数据挖掘等技术推动城镇"智能化"程度，提升政府决策效率与城镇运行效率。

智慧城镇设计战略的制定应由城镇本身的基本规划和设计原则来推动。遵循这些原则可以给投资者带来更大的信心：他们的投资更有可能符合政治期望；与其他投资者的投资更有可能兼容，因此是互为补充而不是竞争。总体而言，智慧城镇设计战略更有可能采用互联互通、实时学习、泛在响应的技术手段，在其核心目标方面取得成功。

首先是社会经济和环境层面的弹性，即可持续性和持久性，结合紧凑型、连接性和混合使用性的生态城镇设计原则。本着对社会、经济和环境的积极影响，城镇战略的目标应该是建立一个与 20 世纪现代城镇迥异的城镇。现代城镇往往被汽车主导、与社会隔离、且不断向外蔓延。相比之下，新的城镇愿景应该基于泛在感知、响应和决策，构建一个以人为本且互相连接的城镇。将人放在第一位，第二位是美好的街道、公园和公共空间，第三位才是建筑物。

未来的智慧城镇应该利用人们自身的能量，通过他们的出行模式和社会经济的相互作用来驱动一个城镇的社会、经济和环境的可持续性发展。因此，最重要的是，智慧城镇设计战略适合采用物联网和人工智能等新兴技术，重点关注如何使城镇更具包容度和舒适度，以适应多样化和不断变化的居民和游客的日常生活。它应该着眼于创造新的或改进现有的公共空间和基础设施，使其不仅具有创新性和经济可行性，而且具有可达性和包容性。

其次是基于实证的开放性和可理解性。针对投资者和城镇利益相关者，包括企业、机构和公民。智慧城镇空间设计战略的核心应该是采用综合城镇建模技术的"智能城镇"技术，严格地审查相关运营效应，并且评估可选择性的未来图景。智慧城镇设计战略应由数据采集、数据分析、机器学习、预测建模、实时评估的方法构建，从而加速制定更高质量且随时修改的设计方案。

再次是重点关注空间绩效，即建设绩效、基础设施绩效，特别是居民行为的表现。由于对建筑物之间的空间和对建筑物本身相同的重视度，可以优先考虑一些基本的城镇问题：（1）位置；（2）连接；（3）布局；（4）土地利用；（5）景观。同时，城镇战略应考虑多重的空间尺度，即（1）宏观的，即城镇规模问题——大局观；（2）中观的，即亚中心问题——当地的故事；（3）微观的，即单独的街道、空间或建筑——必要的细节。

基于智慧的空间运行绩效管理平台客观地描述城镇开发的数字连接和在线交流的机会，加强人与人之间的物质流动和相互作用，规划、设计、工程和经济投入等诸多方面相结合，并融入建筑、交通、基础服务设施、景观和安全性等。此外，还需要注意文化性，尊重并增强深刻的地方历史认同感；强调城镇促进社会和谐与经济贸易的根本宗旨，以及可投资性，即由强大的过程支持满足投资者对强大愿景的需求。城镇战略应建立在坚实的商业基础之上，应受益于对全球城镇商业成功的有力的实证研究，应以与投资界相关和透明的方式制作和呈现。

最后是提倡共同创造性和包容性。借助虚拟协同平台，由多方专业人士、城镇官员、城镇利益相关者和市民通过在线创意研讨会定制活动实现线上线下互动。通过虚拟智能体系使城镇战略与城镇规划和空间设计层层迭代、实时反馈，弥合 20 世纪许多城镇发展的技能和专长的分裂。相反，基于共同创造、共同制作和共同发明的团队合作应该是智慧城镇空间设计战略成功的关键，确保城镇战略准则可以接近并融入城镇进程。纳入智慧设计评审流程，协助市场制定城镇战略建议书。定期审查，由城镇战略审查小组使用证据进行更新。与一些政策文件不同，随着情况的变化，这些政策文件很快就会过时，城镇战略应该纳入审查和更新进程，以确保实时更新。

总而言之，智慧城镇设计战略不应该是文本、图像和方案的简单组合，而应该是基于虚拟在线平台，由城镇官员、当地居民、城镇规划师和设计师共同创建的跨学科和生活的计划。合作过程应确保专业人士、政策制定者和公众之间的相互技能和知识的转移。

8.4　关键的智慧城镇的空间设计元素及指标

智慧城镇空间设计战略应在两个相互竞争的问题之间取得平衡：控制和灵活性。它应该通过为最重要的街道和建筑物确定一些基本建议，同时制定电子标准指南来塑造下一级和更下一级的设计。这种方法的目的是：控制城镇的某些关键特征，同时为其他地方的开发商和投资者提供灵活性。灵活性可以通过创建"电子标准模板"进行指导，"电子标准模板"中设置的参数在各个开发项目中可以修改和评估。

城镇的关键要素是街道、街区和建筑用地：（1）街道。街道引导城镇的交通流动，城镇的基础设施走廊和线性绿地空间推动社会、经济和环境的可持续发展。城镇设计战略应为主要关系的"显性"网络建立一系列基本规则：①街道宽度；②运输模式共享；③景观特征。之后，还需创建"电子模板指引"，根据街道宽度、运输份额和景观特征，形成下一级和更下级线路的精细化网络。（2）街区。网格块是位于街道网络内的地块，包括建成的、未建成的或部分建成的。城镇设计战略应该为以下方面制定一系列基本建议：土地混合利用、整体建筑高度、整体容积率密度、整体开放空间面积。位于主要连接的显性网络内的"超级街区"。城镇设计战略还应制定电子模板指南，以塑造位于下两级的连接背景网络中超级街区的土地利用、高度、密度和开放空间区域。（3）建筑用地。当超级街区被细分为可开发土地的单个部分时，建筑用地得以建立。城镇设计战略应考虑以下基本方面：土地利用、高度、普通的街道界面。那些坐落在主要街道连接的显性网络关键位置的主要建筑地块。城镇战略还应该制定基于电子模板的准则，以便在其他地方形成更为规模的总体规划和建筑设计。基于电子模板，这将形成街道、街区和建筑地块之间相互联动空间设计要素，并自下而上地组合，形成智慧城市的空间设计体系。

基于上述基本的空间设计要素，空间设计原则最终转换为可度量的绩效、指标以及空间布局等，包括如下内容：

（1）人的活动。①社会经济方面，如城镇社会和经济多样性的模式是什么？这些模式如何随着人口迁徙到达城镇或离开城镇而发生变化？测量指标有：人口数、年龄、性别、种族概况、经济活跃人口、就业人口、失业人口／就业率、教育成就、工资等。②人的交流方面，如目前与社区管理者和其他组织及个人磋商的方法是什么？测量指标：举行咨询会议的数量、社区参与人数、重复度、通过咨询活动提出的问题范围及强度。③建筑开发和使用情况,如城镇哪些地区被普遍开发和占用？测量指标包括:规划权限、施工开工（平方米每月）、建筑完成率（平方米每月）、建筑装修率（平方米每月）、建筑物入住率（平方米每月）。④人的行为与交通模式,如人们如何穿行于城镇中？是否采用私人汽车，或步行，或骑自行车的出行模式？哪些路线更受欢迎？测量指标包括：乘客周转量、各种出行方式、行为模式、出行距离。⑤公共空间的使用情况，如人们如何使用公园和公共空间？测量指标包括：空间使用密度（人均每平方米）、用户类型（年龄，性别，职业）、活动类型。

（2）城镇形态。①街道网模式，如与公共／私人车辆（汽车，公共汽车，火车，飞机）等匹配的街道网格局及前提是什么？测量指标包括：街道网络长度、街道网络层次（从空间网络分析）、街道网络几何（从空间网络分析）、街道网络密度（城镇空间足迹）、街道网络容量、街道网络类型（公路、大道、大街、当地购物街、购物中心、桥梁等）、街道网络状况。②土地利用模式，如城镇中住宅、工作场所、教育、医疗保健和宗教建筑在内的逐层建筑和逐层土地使用的模式是什么？测量指标包括：建筑物的土地利用类型和面积、单个建筑物楼层的利用类型和面积、土地使用状况、露天场所、开放空间类型（小 / 中 / 大公共空间 / 公园 / 绿色走廊及植被程度）、开放空间状况。③服务基础设施状况，如城镇的能源 / 水 / 数据供应和水 / 废物清除基础设施的位置、连通性、容量和状况如何？测量指标包括：服务基础设施网络长度、服务基础设施网络容量 / 层次、服务基础设施网络情况。④文化建筑环境情况，如整个城镇中文化意义重大的建筑资产是什么？测量指标包括：文化建筑的地点 / 设施数量、文化建筑使用水平、文化建筑条件。⑤遗产情况，如整个城镇中历史上非常重要的建筑物是什么？测量指标包括：重要历史建筑物 / 纪念碑数量、位置、使用水平和条件。

（3）资源。①能源状况，如城镇能源发电和能源供应格局如何？测量指标包括：设施位置、设施能力、经营活动、设施条件。数据，如城镇不同地区可用的数据是什么？测量指标包括：人口、环境、经济、社会、城镇形态等。②金融 – 房地产经济状况，如城镇的土地价值，物业销售价值和租金价值是多少？测量指标包括：区域生产总量、人均地区总产值、工业生产、固定资产投资、建筑工程价值（体积）。③食物状况，如全市有多少当地食品生产和分销模式？测量指标包括：食物类型、食物产量、加工位置、加工能力、食品质量。④开采水、天然气 / 石油和矿等资源情况，如城镇内还是周边地区的提取方式是什么？测量指标包括：开采类型、开采体积 / 速率。

（4）环境。①空气质量，如空气质量在整个城镇的空间和时间上如何变化？测量指标包括一氧化碳（CO）、二氧化氮（NO_2）、臭氧（O_3）、颗粒物（PM2.5 和 PM10）、二氧化硫（SO_2）、硫化氢（H_2S）。②气候状况，如整个城镇的降雨，太阳和风力的模式是什么？测量指标包括：降雨概况、阳光轮廓、风廓。③景观特征，如整个城镇的植物，动物，鸟类和昆虫物种的模式是什么？测量指标为生态系统概况。④土壤条件和质量，测量指标包括土壤面积 / 深度，以及土壤条件和质量概况。

8.5 空间句法在规建管全流程中的应用

8.5.1 静态体检

城市规划建设管理的一部分工作是对现状、规划方案或建成项目的运营情况进行评估或监督，这类似于诸如验血和 CT 扫描等体检工作，也许可称之为"静态"的城市体检。从空间形态的角度，空间句法可展开如下几项"静态"体检：（1）评估图纸或文本中空间布局；（2）预判区域或城市发展方向；（3）发掘不同等级的城镇中心；（4）研判开发强度。以此，空间句法提供理性、精细化的实证支持，辅助规划审查、审批、监督等工作。下文将以假设案例的方式，分别加以阐述。

第一，评估图纸或文本中空间布局。以北京现状图为例（图141左），空间句法的模型不仅识别出"环套环"的空间结构，即图中红橙色构成的部分，而且表明该结构强于放射状的空间结构，还显示东三环和东四环的空间区位最好。这说明了北京放射状的结构还有待强化，且西部和南部的空间区位还需提升。此外，以规划文本中出现的"方格网"一词为例。虽然"方格网"一般可用于描述北京旧城、京都旧城、曼哈顿、雅典旧城的空间特征，然而这些"方格网"其实具有不同的空间构成（图141右）。北京旧城是可达性较高的道路围绕大街坊块，而那些大街坊块内部的道路具有较低的可达性；京都旧城也是大街坊块结构，不过那些大街坊块嵌套了更小的街坊块；曼哈顿中东北－西南方向的道路要明显强于西北－东南方向的道路，这体现为两个方向道路的称谓不同，即前者为林荫道（Avenue），而后者为街道（Street）；相对而言，雅典旧城中两个方向的道路具有更为匀质的可达性，街坊块也较小，尽管某些道路的可达性很强。这说明了形态语言（morphic language）是文字的良好补充，在城市规划管理中也是必不可少的。

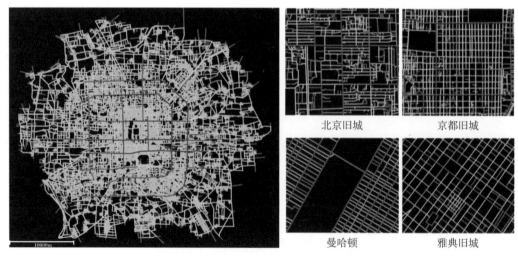

图141　北京空间句法分析图（左）和不同城市的方格网分析图（右）

第二，预判区域或城市发展方向。以苏州市域为例（图142）。空间句法的模型表明了，虽然苏州是长三角中仅次于上海的空间节点，沪宁通道是其命脉，然而它位于南北两大板块之间，即南部的浙江省环杭州湾和沿海发展带，以及北部的江苏省沿江沿海发展带。当南北两大板块发展成熟，并与上海形成空间联动时，苏州在长三角空间结构上有被弱化的风险。而目前南通、苏州、嘉兴、杭州（或绍兴）一线已经初步凸显，这不失为苏州新的空间发展方向。这种空间模型的校验，不仅可检验规划图上的箭头方向，而且可辅助明确那些箭头所依托的物质空间。

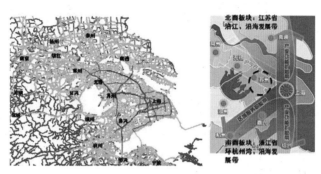

图 142　长三角背景下苏州市域分析（左）和苏州发展方向规划图（右）

又如京津冀、长三角和珠三角的研究之中，空间句法揭示了三大城镇区空间发展方向的差异。在 50 公里的尺度下（图 143a），京津冀出现了北京环套环的圈层结构以及北京与天津之间的轴带，而石家庄、沧州、保定等仍然是单节点城市，反而在山东半岛上出现了济南和潍坊一线的东西向轴带；长三角出现了上海圈层结构和苏锡常轴带，而杭州、嘉兴、宁波等则呈现单节点城市状态；珠三角明显与前两个城镇群不一样，出现了广州 – 中山 – 珠海 – 澳门连绵带，以及东莞 – 深圳 – 香港连绵带，且它们彼此连接起来，构成"区域城市"。在 200 公里的尺度下（图 143b），京津冀只存在北京 – 天津轴带，石家庄一极较弱且具有向东发展趋势，反而山东半岛的济南 – 潍坊 – 东营轴带明显；长三角隐约出现了环太湖结构，其中沪宁、沪杭、通 – 苏 – 嘉 – 甬轴带非常明显，上海自身的圈层结构也比北京明确；珠三角在区域上形成了明显的环套环结构，内环为黄埔、南沙、宝安、洪梅镇，而外环为广州、中山、珠海、澳门、香港、深圳、东莞，在某种意义上体现了区域范围内的同城化效应。

第三，发掘不同等级的城镇中心。以怀安县城为例（图 144），不同尺度的空间句法分析揭示了社区级、片区级、县城级的中心，其中红色标明了中心的位置。这些不同尺度的空间句法分析还可以叠加，进一步说明了县城老城区仍是各个尺度上最有活力的中心。此外，县城西侧的"新中心"发展了 10 年，甚至县政府也搬到该地区，仍不具备活力。空间句法的分析形象地表明了该"新中心"只是社区级的中心，不足以支持整个县城的活动，其空间布局与规划定位差距甚远。

图 143a　京津冀（左）、长三角（中）、珠三角（右）50 公里下的穿行性模式

图 143b　京津冀（左）、长三角（中）、珠三角（右）200 公里下的穿行性模式

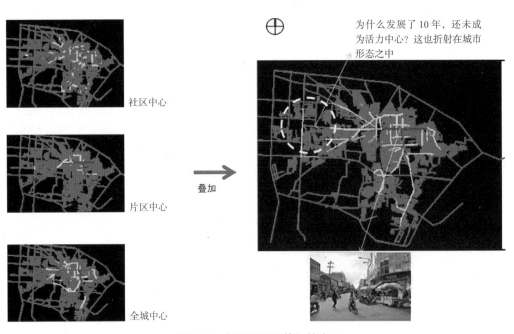

图 144　怀安县不同等级的中心

第四，研判开发强度。以银川市为例（图 145），空间句法模型通过整合空间活力、用地功能、现状建筑高度等要素，识别出城市中开发强度需要增加或减弱的地区，确定高密度和高强度开发的中心。判断标准是空间活力较高的地区，其功能可增加商业办公等，开发强度也可适当提高。此外，该模型还考虑了南北向的风廊对城市的生态影响，尽量让低密度的控制地区组合成为大体南北向的长廊。通过分析模型，将活力、功能、风向等因素都体现在密度和强度之中，便于城市规划管理。

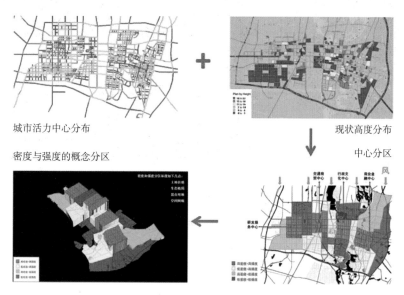

城市活力中心分布

现状高度分布

密度与强度的概念分区

中心分区

图 145　银川开发密度和强度的分区

8.5.2　动态协商

在社会主义市场经济下，城市规划管理更多的是针对建设开发活动的"动态"管理，协调各利益相关方的诉求，强化合理性和可实施性。空间句法模型为这类"动态"管理提供了理性空间调整或商讨的平台，可辅助如下几项工作：（1）新城或新区选址；（2）开发时序；（3）旧城更新；（4）规划动态评估；（5）公开公示或公众参与。下文还是结合假设的案例，分别加以阐述。

第一，新城或新区选址。以假设的北京新区为例（图 146）。构想为北京某个新区选址，某些人主张在通州，而某些人主张在大兴。这两种选址都希望在五环和六环之间形成新的中心，空间句法模型提供了互动交流平台，并落实到具体空间场所之中。通州北扩的设想可形成北京新的一条放射路，即东四十条 – 朝阳公园南路的东延，可缓解京通高速和朝阳路的压力；强化通州、顺义和机场的联系，可缓解京沈路的压力；通州自身也能形成更强的中心，并略微地向亦庄和大兴辐射。大兴机场新城的设想可

显著地改善北京南部地区的空间区位，强化了北京中轴线的南部延伸，即南新华街 –
太平路 – 马家堡东路的南延；同时也改善了大兴与亦庄的联系。这样不同选址的对比，
为规划决策者、投资商、建设商、市民等提供了可视化的选择。

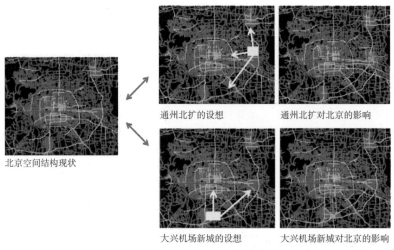

图 146　北京假设新区的选址：通州北扩（上两图）和大兴机场（下两图）

　　又如保定周边的城镇选址研究中（图 147），空间句法分析认为 30 公里（普通城
镇尺度）和 200 公里（京津冀区域尺度）的空间结构存在较大差异。在区域尺度下，"涿
州 – 高碑店 – 保定"一线与"霸州 – 雄县 – 容城"一线具有较高的空间效率，且在保
定的东北角相交，该相交的地区具有研究范围内最高的空间效率；在普通城镇尺度上，
容乌高速不再是空间效率高的通道，而其北侧的 S333 具有更高的空间效率，容城 – 霸
州与"高碑店 – 雄县"在白沟相交，构成了城镇尺度上的中心，且容城和安新之间也
有较好的联系。这说明区域尺度的潜力中心在研究范围的西侧，而城镇尺度的潜力中
心则位于研究范围的东侧。基于该分析，融合不同尺度的空间结构成为一种策略，而
选择不同空间联系则可加以讨论。在区域尺度下，为了充分利用京保走廊的空间区位，
可选择强化涿州或高碑店与容城方向的联系，且探索雄县与东侧通道的联系；而在普
通城镇尺度上，可选择"高碑店 – 雄县 – 任丘"或"容城 – 安新 – 高阳"的滨水或近
绿空间联系，或从保定出发，向东连接环白洋淀的生态景观界面，形成城镇尺度上的
生态活力空间。

　　第二，开发时序。以伦敦奥运会赛后利用为例（图 148）。2012 年的伦敦奥运会场
地位于相对欠发达的伦敦东区，目标是提升当地社会经济活力，形成伦敦东区的新
中心。赛时基于安全需要，奥运公园相对比较封闭；赛后公园试图与周边场地分步骤

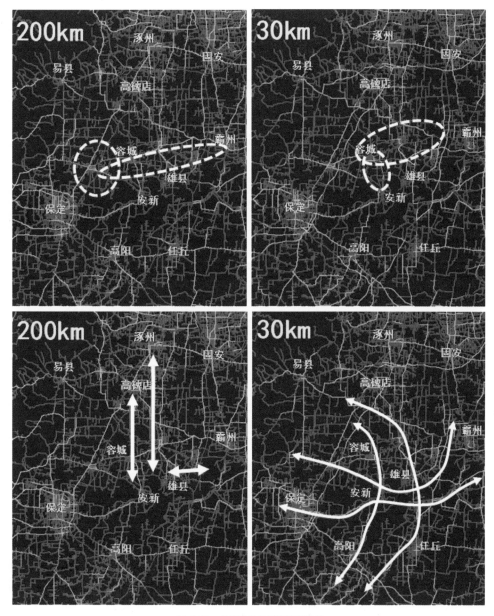

图 147　保定周边的选址研究

地整合。先期是对公园内部空间布局重新调整，完善南北两部分；然后，强化公园与东南角的交通枢纽和商业街的有机结合，完善东西两处入口联系；最终将地段周边的活力从南、东、西三方向引入地段内，形成公园内部的中心节点。每一步的空间调整都基于空间句法模型的变动，并预判新的空间联系等。

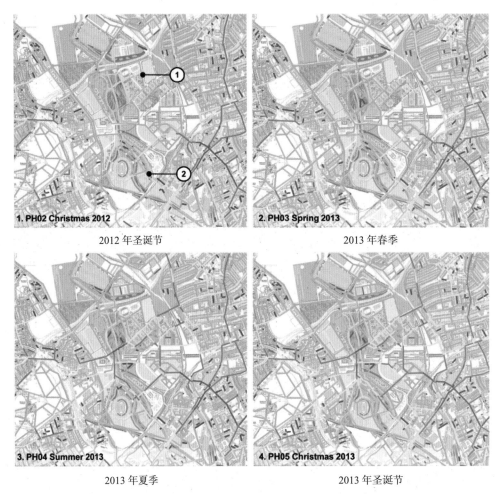

1. PH02 Christmas 2012	2. PH03 Spring 2013
2012 年圣诞节	2013 年春季
3. PH04 Summer 2013	4. PH05 Christmas 2013
2013 年夏季	2013 年圣诞节

图 148　2012 年伦敦奥运会赛后利用开发时序模拟

（资料来源：英国空间句法公司）

　　第三，旧城更新。以沙特阿拉伯吉达旧区改造为例（图 149 上）。根据空间句法模型，首先识别出地段内部具有潜力的空间节点，以蓝色标记；并选择合适的内部路径将这些潜力节点联系起来，形成内部的空间主轴；其次，辨别地段内外主要空间连接，根据不同的空间可达性和可实施性，将其连接到内部空间主轴上；最后，明确地段周边的重点空间，进一步将地段内外的联系关联到那些重点空间之中。以此方式，在尊重地段原有空间机理的同时，重构主要的空间结构，形成各方共识的微循环模式，并具备可操作性。此外，还以上海四川北路某地块更新为例（图 149 下）。项目的空间句法模型直接放入整个上海的模型中，从连接度、空间效率、空间渗透性、可视性、空间整合性、功能多样性、地块细分程度等方面综合评估项目本身的变化。因此，旧城的空间结构可随每次的更新而不断优化，并得以直观评估。

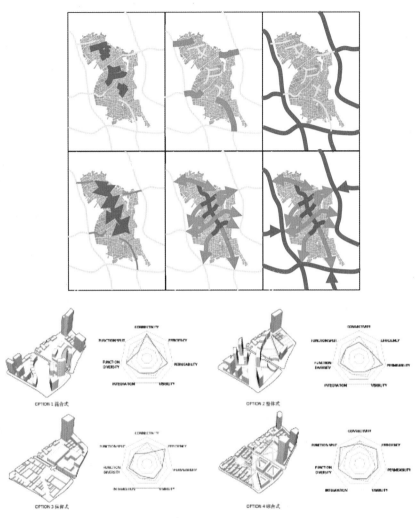

图 149　沙特阿拉伯吉达城市更新模式（上）和上海四川北路更新（下）

[资料来源：英国空间句法公司（上）]

　　第四，规划动态评估。以云南玉溪总体规划评估为例（图 150）。根据 2009 年规划图、2014 年现状图和 2030 年规划图，建立空间句法模型。虽然玉溪总体规划一直在强调西拓，然而 2014 年玉溪的实际建设还在北延。2030 年规划图更为强调西拓，不过其西部的空间结构并未明晰，反而北部形成了活力中心。这为动态的规划维护提供了一定的技术辅助，有助于及时发现规划中存在的空间缺陷，并进行实时修正。

　　第五，公开公示或公众参与。以伦敦国王十字火车站的公众参与为例。在空间句法模型的平台上，A 方提出方格网的方案，而 B 方提出放射状的方案。A 方提出的方案可达性较低，与周边不良的社会住宅类似，因此该方案很难用于商业办公开发；B 方提出的方案具有较好的可达性，并将其周边的活力引入地段内部，因此该方案适合发展商业办公，并形成具有活力的中心。各方都可实时将自己的想法固化到空间中，转化为简单的模型，及时交流，推动空间问题的解决。

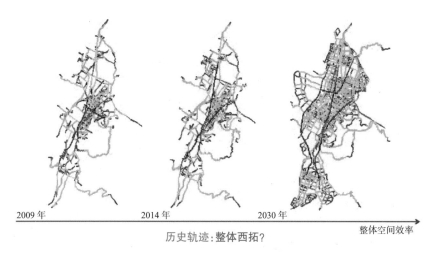

2009 年   2014 年   2030 年

历史轨迹: 整体西拓?   整体空间效率

图 150 云南玉溪总体规划评估

8.6 小结

　　空间句法提供了一种空间形态语言，在一定程度上解决了城市规划设计及其管理中难以描述的空间布局问题，有助于从空间使用的角度挖掘空间结构背后的社会经济内涵，从而促进利益相关方就空间占据和空间建构形成基本共识。从本质而言，空间句法提供了从人的角度观察、感知并使用空间形态的技术方法和思维路线，形成了以人为出发点的空间设计理论与方法。不过，空间句法还是容易被简化为物质形态空间决定论，因此空间句法的应用只有基于其空间的社会经济逻辑的理论出发点，并结合实际情况进一步强调空间营建与社会经济环境的互动，才能更好地助力市场经济下的空间设计。

　　面向未来，空间设计本身不仅是基于人本化、生态化、数字化等理念的物质空间形态和功能的设计，而且是数字空间本身的设计，或者说是人与万物之间的界面设计（图 151）。基于物联网、云技术、5G 等新型信息设施，人与万物的互动更为多元化，更为便捷化，更为定制化。因此，数字孪生不仅将万物甚至人本身进行了数字化的复制和映射，而且将实体和虚拟空间融合交互起来，从而构建起万物感知、万物互联、万物智能的新世界。它的能量将随着数字技术的演进而日益强化，最终成为一个承载人类物质世界、社会活动和集体心智的无限场域。当技术奇点来临时，数字孪生本身将有可能进化成全球化的超级智能系统，它的规模和能力将大幅超越人类目前最庞大的系统——城市网络。在此背景之中，空间设计将是跨越城市学、建筑学、数学、社会学、信息、计算机等行业的综合性应用，其核心是关注如何设计出人所使用的空间。

图 151　面向未来的空间设计，其中左侧是虚拟空间，右侧是实体空间，而互动界面则穿透这两个空间

附录　数字孪生人居环境 [①]

　　"人居环境科学（The Science of Human Settlements）是 20 世纪下半叶在国际上逐渐发展起来的一门综合性学科群。它以包括乡村、集镇、城市等在内的所有人类聚居环境为研究对象，着重研究人与环境之间的相互关系；并强调把人类聚居作为一个整体，从政治、社会、文化、技术等各个方面全面、系统、综合地加以研究。"这是 20 世纪以来科学由发掘资料到整理资料，再到发展大学科的总趋势的反映。特别是目前我国人居环境的发展速度极快，城乡建设规模巨大，影响面极广，这门综合性学科群的发展也是 21 世纪中国的时代呼唤。

　　与此同时，席卷全球的信息网络建设热潮对于当今社会的影响，无论在广度、深度和规模上，都是空前的，它将把人类社会逐步带入信息化社会，使人类进入一个新的时代——信息时代（数字时代）。这场革命将会改变人们的思维方式、生活方式和工作方式，并对科学的各个方面产生划时代的影响。"人居环境科学"和"人居环境"也会在这个大背景下受到一定的影响，并结合数字技术或观念更好地发展。

　　1999 年，信息时代的巨人比尔·盖茨在《未来时速》中提出了"数字神经系统"的新概念。即"数字神经系统是一个整体上相当于人的神经系统的数字系统。它提供了完美集成的信息流，在正确的时间到达系统的正确地方。数字神经系统由数字过程组成，这些过程使得一家企业能迅速感知其环境并做出反应，察觉竞争者的挑战和客户的需求，然后组织及时的反映。数字神经系统……与由计算机组成的网络的不同之处在于，它提供给信息处理员精确、及时和丰富的信息，以及这些信息带来的可能的洞察力和协作能力。"虽然这仅是针对商务，但书中也用一章的篇幅谈到了保健系统、政府、学习社区等。很显然，在当今的市场经济社会，这种概念必将影响到社会的各个层面。比尔·盖茨预言，"21 世纪头 10 年就是注重速度的时代。"中国目前正处于这种高速发展的阶段，人居环境也正在发生着巨大的变化，比如中国的城市化水平在 2010 年将达到 45% 左右，如何把握这种快速度的变化，"数字神经系统"的概念会给"人居环境研究"一些启示，同时"数字神经系统"本身的运用也会影响发展中的"人居环境"。

---

① 本附录为作者于 2000 年所写。

一、"数字神经系统"对"人居环境"研究方法的可能启发

"人居环境"的研究涉及领域很多，吴良镛先生开创性地提出"人居环境"是复杂的巨系统，并将"人居环境"科学划分为居住系统、支持系统、人类系统、社会系统、自然系统五大系统，以建筑、园林、城市规划的融合为核心，组织带动多科学（土木、水利、能源、生态、环境、地理、经济、社区、文化、艺术等）共同工作，即"融贯的综合研究"（Trandsdisciplinarity Research）。同时吴先生还指出"人居环境"的研究应是各级政府、全社会关心和参与的，因而"人居环境"研究的关键思想是融贯、综合，组织管理是协调。

"事实上，数字神经系统的一个关键功能就是将不同的系统——信息管理、企业运作和商务——连成一个整体。"它虽然指的是商务运转，但这种理念也可以在"人居环境"这样的复杂科研之中加以借鉴。利用"数字神经系统"可建立跨部门的虚拟研究团队，以便能实时地和在世界范围内共享信息和相互借鉴思想，形成新层次上的电子智能。

1. 人－机结合的智能系统

在其他的智能系统中，由于过分强调"自主系统"即自动化程度越高越好，人最好不介入，实际上这方面几乎没有进展。钱学森先生也多次谈到这一点。而"数字神经系统"中最重要的论点之一是人与计算机（网络）的结合。比尔·盖茨多次强调"使用PC机做业务分析，将知识、工人转移到更高层次的关于产品、服务和营利的思考性工作中去。"实质上是人的"性智"和"量智"与计算机的"高性能"信息处理结合，达到定性和定量的互补。目前计算机定量处理的速度非常快，非常精确，而定性的处理信息能力很差；人处理精确信息的能力虽然又慢又差，但人处理定性的信息能力很高明，是一种创造性的思维。而将离散的PC机、软件、人通过网络连成整体，就能很好地将"定性"和"定量"结合起来。"人居环境"研究是科学与艺术的结合，是人文科学与工程技术学科的结合、定性和定量的并重。因而"数字神经系统"有可能将"人居环境"研究人员的创造性思维最大限度地发挥出来。

2. 交互性、开放性、实时性

"数字神经系统"的交互性使每个研究成员或学科部门很容易，很及时地跟踪所有主要指标和信息，经常性地与其他系统和其他人保持接触，吸收每个人的灵感，并打破学科的界限，消除管理过程的瓶颈，把各个分目标引向"人居环境"的总目标，实

现"再设计"① 和"融贯思考"②，随时对最重要的问题保持警觉，把握整体。

它的开放性使每个部门或成员都能随时把自己的成果、想法、发现放到"系统"上，供部门间、部门内的成员及时了解，传播权威信息和发现"小人物"的独特想法；也能使政府部门和民众从各种角度、各种出发点来整体地了解"人居环境"，既有教育作用，又能帮助他们参与、建议并决策。正如盖茨谈到"许多公司经理并不是缺少能力和头脑。他们需要的各种数据，事实上就在公司的某个角落以某种形式存在着。他们只是不能轻易地得到数据，而数字工具使他们从很多来源及时得到数据，并从不同的观点分析数据。"① 这很能说明开放性对"人居环境"研究的借鉴作用。

它的实时性既能快速地传递"好消息"——成功的想法、成果、有利的政策等，又能及时传递"坏消息"——可能出现的问题、忽视、变坏的条件，甚至是灾害。服务器能把所有的变化信息及时处理，对新情况做出反应，比如经济危机的出现。这样研究人员和决策者就能及时地把握"人居环境"的整体变化，调整方法、决策等，避免不必要的损失，实现动态地处理复杂巨系统。这对于研究和决策中国目前变化较快的"人居环境"有一定的帮助。

二、"数字神经系统"对"人居环境"本身可能的影响

虽然"数字神经系统"目前只是在商务领域内有较大的影响，比如正在改变微软等公司的工作方式和 SOHO 工作生活等，但它最终会根本性地改变我们的生活方式和整个世界，对"人居环境"本身的影响可能会非常大。

1. "人居环境"的扩展

麻省理工学院（MIT）米切尔教授的软城市"SOFT CITY"就是建立在放大的全球"数字神经系统"上的，"新的软城市与现存的由砖头、混凝土和钢铁堆积起来的城市并存、互补，有时相互竞争。"因而可推论"人居环境"将会在"数字神经系统"中得到扩展，软城市或"数字人居环境"将会成为"人居环境"中的重要组成部分。"数

---

① **可持续发展的新出发点**　节能、节地、保护生态等是可持续发展的重要方面，而"数字人居环境"的出现将极大地改变物质形态，某些耗能实体建筑如大型商场、银行、超高层的办公楼、交易所等将消失，变成"电子"存在。也许绿地生态系统会出现在它们当年的地方，这样"人居环境"的可持续发展将会由此找到新的出发点——"数字孪生"。

② **城市化的重新定义**　这种变化的重要影响之一很可能就是对城市化的影响，小城市、农村可能会注入新的活力，不同的社区既要在广泛的"数字人居环境"中得到充分发展，又要注重自己的独特风格、环境、民俗等。特别是中国的城市化和城乡二元体制会在其中找到自己独特的解答，也许乡村会从"数字化人居环境"中得到更强的竞争力，城市化的进程将发生改变。因而"城市化"将重新定义，它可能是现实和"数字"的综合城市化，是今后真正意义上的城市化。

字人居环境"正在或将会向居民提供虚拟的聚会、交流、娱乐、生产等的场所，书店、图书馆、学校、商店、银行、剧场、医院、监狱、交易所、名胜古迹、山川河流等以虚拟的形式出现，居民将会在"数字人居环境"中享受更多的经济机会、公共服务、日常生活体验等，但也会受到更多的无法想象的伤害，如网络犯罪、网络心理病等。总之现实"人居环境"将会在"数字神经系统"中得到扩展，使居民生存的方式更加多样化，更加完善。"数字人居环境"与现实"人居环境"的关系、或"数字孪生人居环境"的建设等问题也会得到更多的关注。

2. 现实"人居环境"的重构

"人居环境"在"数字神经系统"上的扩展将会划时代地改变人类的生活、工作和娱乐方式，人们将在全球范围内更密集、更广泛地联系起来。这种"数字孪生人居环境"将超级延伸，超越国界、洲界，因此目前现实"人居环境"中的某些物质存在和物质交换将会消失或减弱，比如某些实体的商场、学校、交易所、银行等的消失，进而社会关系、生产方式和生活方式也将发生革命性的变化；现实"人居环境"中的生活社区、工作场所和娱乐服务设施等需要解构和重组。

参考文献

[1]   Adams, W. M. The Future of Sustainability: Re-thinking Environment and Development in the Twenty-first Century[R]. Report of the IUCN, 2006.

[2]   Alexander, C. A city is not a tree[J]. In Design, 1965, 206: 46-55.

[3]   Alexander, C., Ishikawa, S., Silverstein, M. A Pattern Language: Towns, Buildings, Construction[M]. New York: Oxford University Press, 1977.

[4]   Alexander, C. The Nature of Order[M]. California: Berkeley, 2002.

[5]   Altshler, A, Luberoff, D. Mega-projects: The Changing Politics of Urban Public Investment[M]. Washington, DC: Brookings Institution Press, 2003.

[6]   Banister, D. Cities, Urban Form and Sprawl: A European Perspective[C]. ECMT Round Table 137, 2007. and paper presented at the OECD/ECMT Regional Conference Workshop, Berkeley, California, March 2006.

[7]   Batson J, Jouzdani M. The Dawn of Big Data[R]. IBM, 2012.

[8]   Batty M. The New Science of Cities[M]. Massachusetts: MIT Press, 2013.

[9]   Batty, M., Marshall, S. The evolution of cities: Geddes, Abercrombie and the New Physicalism[J]. Town Planning Review, 2009, 80: 551-574.

[10]   Batty, M. Urban Modeling in Computer-Graphic and Geographic Information System Environments[J]. Environment & Planning B Planning & Design. 1992, 19（6）: 663-688.

[11]   Batty, M. Contradictions and conceptions of the digital city[J]. Environment and Planning B: Planning and Design. 2001, 28: 479-480.

[12]   Batty, M. Network Geography[C]. CASA Working Paper, 2003: 63.

[13]   Brownill, S. Developing London Docklands. Another Great Planning Disaster?[M]. London: Paul Chapman Publishing, 1992.

[14]   Burgess, E. & Bogue, D. J.（eds.）. Urban Sociology[M]. Chicago: University of Chicago Press, 1967.

[15]   Byrne, D. Social Exclusion, Philadelphia, PA: Open University Press, 1999.

[16]   Calthorpe, P., Fulton, W. The Regional City[M]. Island Press, 2001.

[17]   Castells, M. The Rise of the Network Society[M]. Malden. MA, Blackwell. 1998, 3.

[18]   Castells，M. The Information Age：Economy，Society，and Culture[J]. The Rise of the Network Society. Second edition. Oxford：Blackwell，2000，1.

[19]   Castells，M. The Informational City：Information Technology，Economic Restructuring，and the Urban Regional Process[M]. New York：Wiley-Blackwell，1989.

[20]   Colenutt, B. New deal or no deal for people based regeneration[C]. in R. Imrie and H. Thomas（eds）Assessing Urban Policy and the Urban Development Corporations，Chap. 10，1999.

[21]   Connerton，P. How Societies Kemmerer[M]. Cambridge：Cambridge University Press，1989.

[22]   Conzen，M. R. G. Historical townscapes in Britain：a problem in applied geography[C]. in：J. W. House（Ed.）Northern Geographical Essays in Honour of G. H. J. Daysh，1966：56-78（Newcastle upon Tyne，Oriel Press）.

[23]   Conzen，M. R. G. Geography and townscape conservation[C]. in：H. Uhlig & C. Lienau（Eds）Anglo-German Symposium in Applied Geography，Giessen–Wu "rzburg–Mu" nchen，1973，Giessener Geographische Schriften（special issue），1975：95-102.

[24]   Cooper，C.，Chiaradia，A.，Webster，C. Spatial Design Network Analysis software[M]，Cardiff University，2016，version 3. 4.

[25]   Cullen，G. Townscape. London[M]. Architectural Press，1961.

[26]   Cullingworth，J. B. & Nadin，V. Town and Country Planning in Britain[M]. London and New York，1994.

[27]   Dalton，C. R.，and Christoph，H. Understanding Space：the nascent synthesis of cognition and the syntax of spatial morphologies[C]. In：Space Syntax and Spatial Cognition - Proceedings of the Workshop，Bremen，2007，1-10：5.

[28]   Dalton，N. S. New Measures for Local Fractional Angular Integration or Towards General Relitivisation in Space Syntax[C]. In：Proceedings of the 5th Space Syntax Symposium，2005：103-115.

[29]   Dalton，N. S. C. Configuration and Neighbourhood/ Is Place Measurable?[C]. Space Syntax and Spatial Cognition Workshop Proceedings，Spatial Cognition 06，2006.

[30]   Dalton，N. S. C. Synergy，Intelligibility and Revelation in Neighbourhood Places[R]. PhD thesis，UCL，2011.

[31]   DCLG（Department for Communities and Local Government）. National Planning Policy Framework[N]. 2012.

[32]   Deal，B.，Farrello，C.，Lancaster，M.，Kompare，T.，Hannon，B. A Dynamic Model of the Spatial Spread of An Infectious Disease[J]. Envoronmental Modeling and Assessment，2000，5（1）：47-62.

[33]   DPZ. 1999. The Lexicon of the New Urbanism[M]. Miami：Duany Plater-Zyberk & Company.

[34] Duany，A. Towns and Town-Making Principles[M]. Rizzoli，1991.

[35] Duany，A.，Plater-Zyberk，E.，and Alminana，R. The New Civic Art：Elements of Town Planning [M]. New York：Rizzoli International Publications，2003.

[36] Duany，A.，Plater-Zyberk，E.，and Speck，J. Suburban Nation：The Rise of Sprawl and the Decline of the American Dream[M]. New York：North Point Press，2000.

[37] Duany，A.，Plater-Zyberk，E.，Speck，J. Smart Growth Manual，New Urbanism in American Communities[M]. Mcgraw Hill Book Co. 2005.

[38] Edwards，B. London Dockland：Urban Design in an Age of Deregulation[M]. Butterworth Architecture，Oxford，1992.

[39] ESPC. European Regional/Spatial Planning Charter[N]. Strasbourg，1983.

[40] Fainstein，S. The City Builders：Property，Politics，& Planning in London and New York[M] Blackwell Publishers，USA，UK，1994.

[41] Fainstein，S. The City Builders：Property Development in New York and London，1980-2000[M]. University Press of Kansas，USA，2001.

[42] Figueiredo，L. & Amorim，L. Continuity lines in the axial system[C]. in A Van Nes（ed），5th International Space Syntax Symposium，TU Delft，Faculty of Architecture，2005：161-174.

[43] Florio，S. and Brownill，S. Whatever happened to criticism? Interpreting the London Docklands Development Corporation's obituary[J]. CITY，2000，4（1）：53-64.

[44] Forshaw，J. H. & Abercrombie P. County of London Plan[N]. Macmillan and Co. Limited，1943.

[45] Foster，J. 1999. Docklands：Cultures in Conflict，Worlds in Collision[M]. London：UCL press，

[46] Foster，N. Opening Address[C]. Proceedings of the First Space Syntax Symposium，London，1997.

[47] Freeman L. C. Centrality in social networks：Conceptual clarification[J]. Social Networks，1979，1（3）：215-239.

[48] Gordon，D L. A. The Resurrection of Canary Wharf[J]. Planning Theory & Practice，2001，2（2）：149-168.

[49] Gore，C.，Figueiredo，J. B. and Rodgers，G. Introduction：Markets，citizenship and social exclusion[J]. in G. Rodgers，C. Gore and J. B. Figueiredo（eds.）Social Exclusion：Rhetoric，Reality，Responses，Geneva，Switzerland：International Labour Organization，1995：1-40.

[50] Grieves，M.，Vickers，J. Digital Twin：Mitigating Unpredictable，Undesirable Emergent Behavior in Complex Systems，in Trans-Disciplinary Perspectives on System Complexity[M]. F. -J. Kahlen，S. Flumerfelt，and A. Alves，Editors. Springer：Switzerland. 2016：85-114.

[51] Hall，P. Green Fields and Grey Areas[C]. Papers of the RTPI Annual Conference，Chester. London：Royal Town Planning Institute，1977.

[52]　Hall，P. Cities of Tomorrow（3rd ed.）[M]. Blackwell Publishing，2002.

[53]　Hall，P.，Pain，K. The Polycentric Metropolis：Learning from Mega-City Regions in Europe[M]. London：Earthscan，2006.

[54]　Healey，P. A Model for Urban Regeneration，in Brindleyplace：A Model for Urban Regeneration[M]. Latham，I，Swenarton，M.（ed.），London：Right Angle Publishing Ltd.，1999.

[55]　Hilbert M，López P. 2011. The World's Technological Capacity to Store，Communicate，and Compute Information[J]. Science 1 April，2011，332（6025）：60-65.

[56]　Hillier B，Iida S. Network and Psychological Effects in Urban Movement[C]. In：A. G. Cohn and D. M. Mark（Eds.）：COSIT，LNCS 3693，2005：475-490.

[57]　Hillier B，Penn A，Hanson J，Grajewski T，Xu J. Natural Movement：or. Configuration and Attraction in Urban Pedestrian Movement [J]. Environment Planning B，1993，20（1）29-66.

[58]　Hillier B，Turner A，Yang T，Park H-T. Metric and topo-geometric properties of urban street networks：some convergencies，divergencies and new results [J]. The Journal of Space Syntax. 2010，1（2）：258-279.

[59]　Hillier B，Yang T，Turner A. Advancing DepthMap to advance our understanding of cities：comparing streets and cities，and streets to cities[C]. In：Green，M and Reyes，J and Castro，A，（eds.）Eighth International Space Syntax Symposium. Pontifica Universidad Catolica：Santiago，Chile，2012.

[60]　Hillier B，Yang Y and Turner A. Normalising choice，and some new ways of analysing the global structures of cities [J]. Journal of Space Syntax. 2012，9（3）：155-193.

[61]　Hillier B. Space is the Machine [M]. Cambridge：Cambridge University Press，1996.

[62]　Hillier B. Spatial Sustainability in Cities：Organic Patterns and Sustainable Forms[C]. In：Koch，D. and Marcus，L. and Steen，J.，（eds.）Proceedings of the 7th International Space Syntax Symposium. k01. 1-20. Royal Institute of Technology（KTH）：Stockholm，Sweden，2009.

[63]　Hillier B. and Hanson J. The Social Logic of Space [M]. Cambridge：Cambridge University Press，1984.

[64]　Hillier，B. Space Syntax：A Different Urban Perspective[J]. Architects' Journal，1983，vol. 178，no. 48，Nov. 30，pp. 47-63.

[65]　Hillier，B. The Architecture of the Urban Object[J]，Ekistics，1989，334，5-20.

[66]　Hillier，B. Cities as Movement Economies[J]，Urban Design International，1996，1，49-60.

[67]　Hillier，B. Space is the Machine[M]，Cambridge University Press，1996.

[68]　Hillier，B. Centrality as a Process：Accounting for Attraction Inequalities in Deformed Grids[J]. Urban Design International，1999，3-4：107-127.

[69]　Hillier，B. A theory of the city as object: or, how spatial laws mediate the social construction of urban space[J]. In: 3rd International Space Syntax Symposium，7-11 May 2001，Atlanta，Georgia，USA，2001.

[70]　Hillier，B. The Knowledge That Shapes The City: The Human City Beneath The Social City[C]. In: the Proceedings of 4th International Space Syntax Symposium，2003，01. 1-01. 20. pp. 01. 10.

[71]　Hillier，B. The Architecture of the Urban Object[J]. Ekistics，1989，334: 5-20.

[72]　Hillier，B. Between Social Physics and Phenomenology: explorations towards an urban synthesis?[C]. 5th International Space Syntax Synposium，2005: 1-23.

[73]　Hillier，B.，Burdett，R.，Peponis，J.，and Penn，A. Creating Life: Or, Does Architecture Determine Anything? [J]. Architecture & Comportment/ Architecture & Behaviour，1987，3（3）: 233-250.

[74]　Hillier，B.，Hanson，J.，Peponis，J. The Syntactical Analysis of Settlement[J]. Architecture and Behavior，1987，3（3）: 217-231.

[75]　Hillier，B.，Leaman，A.，Stansall，P.，and Bedford，M. Space Syntax[J]. Environment and Planning B: Planning and Design. 1976，3（2）: 147 - 185.

[76]　Hillier，B. In Defence of Space[J]. Royal Institute of British Architects Journal. November，1973: 539-544.

[77]　Holyoak，J. City Edge – Before Brindleyplace[M]. Latham，I，Swenarton，M.（ed. ），London: Right Angle Publishing Ltd.，1999.

[78]　Howard，E. Garden Cities of To-Morrow[M]. The MIT Press，1898/1965.

[79]　Jackson，J. B. A Sense of Place, a Sense of Time[M]. New Haven，CT，Yale University Press，1994.

[80]　Jacob，J. The Death and Life of Great American Cities: The Failure of Town Planning[M]. New York: Random House，1961.

[81]　Jenks，M.，& Burge，R. Achieving Sustainable Urban Form[M]. Spon Press，2000.

[82]　Jordan，D and Horan，H. Intelligent Transportation Systems and Sustainable Communities Findings of A National Study[C]. Paper presented at the Transportation Research Board 76th Annual Meeting，Washington，DC，January 12-16，1997.

[83]　Katz，P. The New Urbanism: Toward an architecture of community[M]. New York，1994.

[84]　Kier，L. The City Within the City[J]. A + U，Tokyo，Special Issue，1977，11: 69-152.

[85]　Laguerre，M. S. The Digital City: The American Metropolis and Information Technology[M]. Palgrave Macmillan，2005.

[86]　Lakoff，G. and Johnson，M. Philosophy in the Flesh[M]. Basic Books（Perseus），1999.

[87]　LDDC. LDDC Regeneration Statement[R]. LDDC，1998.

[88] LDDC. Monographs Reviewed[R]. LDDC，1998.

[89] London Docklands Development Corporation.，Docklands Development Strategy[R]. London：LDDC，1998.

[90] Lynch，K. The Image of the City[M]. Cambridge，MA，MIT Press，1960.

[91] Lynch，K. A Theory of Good City Form[M]. MIT Press，1981.

[92] Lynch，K. Good City Form [M]. The MIT Press，1984.

[93] Marshall，S. Urban Coding and Planning[M]. London：Routledge，2011.

[94] Martin，L. Urban Space and Structures[M]. Cambridge：Cambridge University Press，1972.

[95] Mikardo，I. Docklands redevelopment：how they got it wrong[C]，London：Docklands Forum，1990.

[96] Miller，H. J. What about people in geographic information science?[C] in P. Fisher and D Unwin（ed.）Re-Presenting Geographic Information Systems，John Wiley，MIT Press，2005.

[97] Mitchell，W. Designing the Digital City[M]. in Toru Ishida Katherine Isbister（ed）Digital Cities. Springer-Verlag Berlin Heidelberg，2000.

[98] Mitchell，W. J. City of Bits：Space，Place，and the Infobahn[M]. Cambridge，Mass.：MIT Press，1995.

[99] Mowl，T. Alexander Pope and the "genius of the place" [C]. in：Gentlemen & Players：Gardeners of the English Landscape，2000：93-104（Stroud，Sutton）.

[100] Mumford，L. Garden Cities and the Metropolis：A Reply[J]. The Journal of Land & Public Utility Economics，1946，22（1）：66-69.

[101] Neal，P. ed.，Urban villages and the making of communities[M]，Spon Press，2003.

[102] Newman，P. W. G. and Kenworthy，J. R. Cities and Automobile Dependence – An International Sourcebook[M]. Aldershot：Gower，1989.

[103] Nora，P. Between memory and history：les lieux de memoire[C]. Representations，1989，26：7-25.

[104] Norberg-Schulz，C. Genius Loci：Towards a Phenomenology of Architecture[M]. New York：Rizzoli，1980.

[105] Olds，K. Globalization and Urban Change：Capital，Culture，and Pacific Rim Mega-Projects[M]. New York：Oxford University Press Inc，2001.

[106] Osborn，F. J. Preface to Garden Cities of To-morrow[M]. The MIT Press，1965：9-25.

[107] Palermo，P. C. and Ponzini，D. Spatial Planning and Urban Development[M]. Springer，2010.

[108] Park，R. Human Communities[M]. New York：Free Press，1952.

[109] Parolek，D. G.，Parolek，K.，and Crawford，P. C. Form based codes：A guide for planners，Urban Designers，Municipalities，and Developers[M]. John Wiley & Sons，2008.

[110] Peponis，J. Space，Culture and Urban Design in Late Modernism and After[J]. Ekistics 334，1989：

93-108.

[111] Perry, C. The Neighbourhood Unit: A scheme of arrangement for the Family Life Community[J]. The Regional Plan of New York and Its Environs. New York: Regional Plan Association, 1929, 7.

[112] Preston, V. and McLafferty, S. Spatial mismatch research in the 1990's: Progress and potential[C]. Papers in Regional Science, 1999, 78（4）, 387-402.

[113] Raford, N., Hillier, B. Correlation Landscapes: A New Approach to Sub-area Definition in Low Intelligibility Spatial Systems[C]. Proceedings of the 5th Space Syntax Symposium, 2005.

[114] Ratti, C. Space Syntax: Some Inconsistencies[J]. Environment and Planning B. 2004, 31（4）: 487-499.

[115] Rees, W, E. Ecological footprints and appropriated carrying capacity: what urban economics leaves out[J]. Environment and Urbanisation 1992, 4（2）: 121-130.

[116] Rikard, S., et al. Toward a Digital Twin for real-time geometry assurance in individualized production[J]. CIRP Annals 66. 1, 2017: 137-140.

[117] Rossi, A. The Architecture of the City[M]. MIT Press, 1984.

[118] Sabidussi G. The centrality index of a graph[J]. Psychometrika, 1966, 31: 581-603.

[119] Said, E. W. Invention, memory, and place[J]. Critical Inquiry, 2000, 16: 175-192.

[120] Saunders, P. Social Theory and Urban Question[M]. Hutchinson & Co. Ltd., 1981.

[121] Schroder, C. J. Quantifying Urban Visibility Using 3D Space Syntax[R]. Research Paper. Unpublished MSc Thesis, Edinburgh: University of Edinburgh, 2006.

[122] Serres, M., Latour, B. Conversations on Science, Culture and Time[M]. Ann Arbor: University of Michigan Press, 1995.

[123] Shaw, D. and Lord, A. From land-use to 'spatial planning'[J]. Town Planning Review, 80（4-5）, 2009: 415-435.

[124] Smith, D. A. Polycentricity and Sustainable Urban Form[R]. PhD Thesis, CASA, 2011.

[125] Smith, R. The Vision: Inclusive Planning[R]. RTPI, 2007.

[126] Social Exclusion Unit. Social Exclusion Unit - Improving UK Government Action to Reduce Social Exclusion[N]. Office of the Deputy Prime Minster, 2001.

[127] Stein, C. City patterns past and future[J]. Pencil Points, 1942, 23: 52-56.

[128] Talen E. New Urbanism & American Planning[M]. Routledge Taylor & Francis Group, 2005.

[129] Taylor, N. Urban Planning Theory since 1945[M]. Sage Publications Ltd., 1998.

[130] Thompson-Fawcett, M. Leon Krier and the organic revival within urban policy and practice[J]. Planning Perspectives 1998, 13: 167-194.

[131] Thornley, A. Thatcherism and the erosion of the planning system[J]. in J. Montgomery and A. Thornley（eds）Radical Planning Initiatives, pp. 34-48. Aldershot: Gower, 1990.

[132] Thrift, N. and Dewsbury, J. -D. Dead geographies—and how to make them live[J]. Environment and Planning D: Society and Space, 2000, 18: 411^32.

[133] Timmermans, H., Arentze, T. and Joh, C. -H. Analyzing space-time behaviour: New approaches to old problems[J]. Progress in Human Geography, 2002, 26（2）: 175-190.

[134] Tower Hamlets, London Borough. Planning Implications of LDDC Exit[R].（Isle of Dogs）Report to Planning & Environment Committee, 1997.

[135] Tripp, H. Town planning and road traffic[M]. London: Edward Arnold, 1942.

[136] Tuan, Y. -F. Space and Place[M]. London: Edward Arnold, 1977.

[137] Turner, A. DepthMap4: A Researcher's Handbook[R]. UCL, 2004.

[138] Turner, A. The Role of Angularity in Route Choice: an analysis of motorcycle courier GPS traces[C]. In: Stewart Hornsby, K. and Claramunt, C. and Denis, M. and Ligozat, G.,（eds.）Spatial Information Theory.（pp. 489-504）. Springer Verlag: Berlin/ Heidelberg, Germany, 2009.

[139] Turner, A. Penn, A. Hillier, B. An Algorithmic Definition Of The Axial Map[J]. Environment and Planning B: Planning and Design, 2005, 32（3）: 425-444.

[140] United Nations. Our Common Future[M], Oxford: Oxford University Press, 1987.

[141] UTF（The Urban Task Force）. 2009. Towards an Urban Renaissance [M]. Mission Statement, Routledge, 1999.

[142] Watts, D. J., and S. H. Strogatz. Collective Dynamics of 'Small-World' Networks[J]. Nature, 1998, 393（6684）: 440-442.

[143] Whyte, H, W. City: Rediscovering The Center[M]. New York: Anchor Books, 1988.

[144] Wildavsky, A. If Planning Is Everything, Maybe It's Nothing[J]. Policy Sciences, 1973, 4, 127-53.

[145] Yang T, Hillier B. The fuzzy boundary: the spatial definition of urban areas[C]. In: the Proceedings of 6th International Space Syntax Symposium, 2007, 091-16.

[146] Yang, T. Impacts of Large Scale Development: Does Space Make A Difference?[C]. Proceedings of the Fifth Space Syntax Symposium, Technological University of Delft, 2005, 1: 211-228.

[147] Yang, T. and Hillier, B. The Impact of Spatial Parameters on Spatial Structuring[C]. In: Green, M and Reyes, J and Castro, A,（eds.）Eighth International Space Syntax Symposium. Pontifica Universidad Catolica: Santiago, Chile, 2012.

[148] Yang, T. Impacts of Large Scale Development: Does Space Make A Difference? [C]. In: the Proceedings of the Fifth Space Syntax Symposium, Technological University of Delft, 2005, 1: 211-228.

[149] Yang, T. The role of space in the emergence of conceived urban areas[C]. In Spatial Cognition '06. Space Syntax and Spatial Cognition Workshop Proceedings. University Bremen, Germany, 2006:

189-192.

[150]　邓东，杨滔，范嗣斌 . 多重尺度的城市空间结构优化的初探 [R]. 海口：2014 年中国城市规划
　　　　年会专题会议（新规划——规划改革和技术创新）报告，2014.

[151]　范嗣斌，杨滔，邓东 . 一种全息的城市空间结构研究初探 [J]. 城市设计，2015，12：84-89.

[152]　国家统计局 .2013 年国民经济和社会发展统计公报 [N].2.24，2014.

[153]　国土资 . 关于强化管控落实最严格耕地保护制度的通知 [R]. 国土资发 [2014]18 号，2014.

[154]　何子张，段进 . 城市空间形态优化的城市设计方法——以青岛小港及周边地区规划为例 [J]. 规
　　　　划师，2005，1：52-55.

[155]　林坚，李东，杨凌等 ."区域—要素" 统筹视角下 "多规合一" 实践的思考与展望 [J]. 规划师，
　　　　2019，13：28-34.

[156]　龙瀛，沈振江，杜立群，毛其智，高占平 . 北京城市发展模型：城市空间形态模拟的平台 [A].
　　　　生态文明视角下的城乡规划——2008 中国城市规划年会论文集，2008.

[157]　龙瀛，叶宇 . 人本尺度城市形态：测度、效应评估及规划设计响应 [J]. 南方建筑，2016，5：
　　　　41-47.

[158]　龙瀛，沈振江，毛其智，党安荣 . 基于约束性 CA 方法的北京城市形态情景分析 [J]. 地理学报，
　　　　2010，6：643-655.

[159]　陆邵明 . 记忆场所：基于文化认同视野下的文化遗产保护理念 [J]. 中国名城，2013.

[160]　盛强，杨滔，刘宁 . 目的性与选择性消费的空间诉求——对王府井地区及三个案例建筑的空间
　　　　句法分析，建筑学报，2014.

[161]　肖扬，Alain Chiaradia，宋小冬 . 空间句法在城市规划中应用的局限性及改善和扩展途径 [J].
　　　　城市规划汇刊，2014，5：32-38.

[162]　杨滔 . 空间句法：从图论的角度看中微观城市形态 [J]. 国外城市规划，2006，3：pp.48-52.

[163]　杨滔 . 从空间句法角度看可持续发展的城市形态 [J]. 北京规划建设，2008a，4：93-100.

[164]　杨滔 . 空间句法与理性的包容性规划 [J]. 北京规划建设，2008b，3：49-59.

[165]　杨滔 . 说文解字：空间句法 [J]. 北京规划建设，2008c，1：75-81.

[166]　杨滔 . 大规模城市更新中整体与局部的互动——伦敦道克兰区案例 [J]. 北京规划建设 .2009，3：
　　　　109-112.

[167]　杨滔 . 科学化的城市设计 [J]. 北京规划建设 .2010，3：18-21.

[168]　杨滔 . 低碳城市和城市空间形态规划 [J]. 北京规划建设 .2011，5：17-23.

[169]　杨滔 . 从空间句法的角度看参与式的空间规划 [C].2013 中国城市规划年会，2013：274-288.

[170]　杨滔 . 空间构成 - 功能 - 大数据 . 城市设计 [M].2014：161-177.

[171]　杨滔 . 空间营造：基于空间句法的城市设计 [C]. 中国城市规划年会，2015a：815-828.

[172]　杨滔 . 一种城市分区的空间理论 [J]. 国际城市规划，2015b，3：43-52.

[173]　杨滔 . 城市空间形态的效率 [J]. 城市设计，2016a，6：38-49.

[174] 杨滔. 网络聚集的厚度 [J]. 城市设计，2016b，5：56-67.

[175] 杨滔. 空间句法的研究思考 [J]. 城市设计，2016c，2：22-31.

[176] 杨滔. 空间句法：基于空间形态的城市规划管理 [J]. 城市规划，2017，2：27-32.

[177] 中国城市规划设计研究院. 苏州市城市发展战略规划（专题研究）：基于空间句法的苏州多尺度空间分析研究 [R]. 2014.

[178] 翟宇佳. 基于凸边形地图与轴线地图的城市公园空间组织分析 [J]. 南方建筑，2016，4：5-9.

[179] 中国城市规划设计研究院. 北京 CBD 东扩国际竞赛 [R]. 2009.

[180] 中国城市规划设计研究院. 苏州市城市发展战略规划 [R]. 2014.

[181] 中国城市规划设计研究院. 苏州市总体城市设计 [R]. 2008.

[182] 中央城镇化工作会议公报（简称公报）[N]. 人民日报，2013. 12. 14.

[183] 中央城镇化工作会议公报（简称公报）[N]. 人民日报，2013. 12. 14.

[184] 中央城镇化工作会议公报（简称公报）[N]. 人民日报，2013. 12. 14.

[185] 庄少勤. 新时代的空间规划逻辑 [J]. 中国土地，2019，1：4-8.